国外数字系统设计经典教材系列

低功耗验证方法学
Verification Methodology Manual
for Low Power

［美］Srikanth Jadcherla

［美］Janick Bergeron

［日］Yoshio Inoue   著

［英］David Flynn

刘雷波　夏宇闻　译

北京航空航天大学出版社

内 容 简 介

本书分析归纳了多电压低功耗设计仿真验证技术中几乎所有的关键问题,并提出了十分重要的设计验证原则和规范。内容包括:多电压电源管理基础、电源管理隐患、状态保持、多电压测试平台的架构、多电压验证、动态验证、规则及指导原则等。

本书是任何正在设计或准备设计低功耗应用系统级芯片的必读著作。

图书在版编目(CIP)数据

低功耗验证方法学 / (美)迦奇拉等著;刘雷波,
夏宇闻译. —北京 : 北京航空航天大学出版社,2012.8
ISBN 978 - 7 - 5124 - 0849 - 4

Ⅰ. ①低… Ⅱ. ①迦… ②刘… ③夏… Ⅲ. ①电路设
计 Ⅳ. ①TM02

中国版本图书馆 CIP 数据核字(2012)第 140910 号

英文原名:Verification Methodology Manual for Low Power

Copyright © 2011 by Synopsys Inc. ,ARM Limited and Renesas Technology Corp.

Translation Copyright © 2012 by Bei jing University of Aeronautics and Astronautics Press.

All rights reserved.

本书中文简体字版由美国 Synopsys 公司授权北京航空航天大学出版社在中华人民共和国境内独家出版发行。版权所有。

北京市版权局著作权合同登记号 图字:01-2012-5456 号

低功耗验证方法学
Verification Methodology Manual for Low Power

[美] Srikanth Jadcherla
[美] Janick Bergeron   著
[日] Yoshio Inoue
[英] David Flynn

刘雷波 夏宇闻 译

责任编辑 刘 晨

*

北京航空航天大学出版社出版发行

北京市海淀区学院路 37 号(邮编 100191) http://www.buaapress.com.cn
发行部电话:(010)82317024 传真:(010)82328026
读者信箱:emsbook@gmail.com 邮购电话:(010)82316936
涿州市新华印刷有限公司印装   各地书店经销

*

开本:710×1 000 1/16 印张:12 字数:256 千字
2012 年 8 月第 1 版 2012 年 8 月第 1 次印刷 印数:4 000 册
ISBN 978 - 7 - 5124 - 0849 - 4 定价:32.00 元

若本书有倒页、脱页、缺页等印装质量问题,请与本社发行部联系调换。联系电话:(010)82317024

译者序

多电压低功耗设计/验证技术是最近几年才发展起来的新技术。在国内出版的所有技术书籍和刊物中，几乎都没有涉及这一领域。而低功耗设计/验证技术对电子芯片产品市场的成功与否有着至关重要的作用。因此，把本书介绍给中国海峡两岸的集成电路设计/验证工程师是一件十分紧迫的任务。

把最新的多电压低功耗设计仿真验证技术介绍给中国读者是翻译本书的宗旨。译者希望本书能帮助读者更好地掌握这种新的设计仿真验证方法。在翻译的过程中，译者尽量从读者的角度出发，想办法用更清晰、更准确的中文表达书中较复杂和难以理解的内容。由于本书是针对集成电路设计仿真验证专业工程师写的，所以起点较高，作者假定读者已掌握数字电路设计仿真验证方法学和 SystemVerilog 语言，并对多电压低功耗系统的设计仿真验证有一定程度的了解。

在翻译的过程中，译者能体会到原书作者在多电压低功耗设计/验证领域的深厚学术功底。作者用简洁的语言，分析归纳了多电压设计仿真验证中几乎所有的关键问题，并提出了十分重要的设计验证原则和规范，供读者在工作中参考。那么多著名设计公司的首席工程师和科学家对本书做出如此高的评价，不是没有原因的。

本书的翻译，除第 3 章由杨浩作为翻译练习完成初稿外，从前言、正文、附录、索引到书背评语，全部由刘雷波和夏宇闻完成。

本书的翻译稿完成后，在 Synopsys（新思科技）公司鲍志伟女士的组织下，时昕、杨冲和张春林三位工程师认真审阅了本书的翻译稿，提出了宝贵的修改意见，他们的反馈显著地提高了翻译的质量。另外，上海澜起 IC 设计公司技术总监山岗先生认真审阅了翻译稿，他肯定了本书的翻译质量。在此，向帮助完成本书翻译的四位专家和鲍女士表示衷心的感谢。

原书中个别错误和几个令读者难以理解的地方，译者在翻译中私自做了适当的修改和补充，使其表述得更准确，理解更容易。由于本书的部分内容涉及许多新概念和新方法，译者在翻译中难免有理解不全面、表达不恰当，甚至有错误和疏漏的地方。敬请发现这些问题的细心读者不吝指教，以便再版时订正。

本书的翻译工作是在巨数/中庆数字技术开发有限公司商松总裁的支持下完成的。译者退休后，商松总裁邀请我来公司担任技术顾问，为译者提供了舒适的办公条件,自由宽松的工作时间。没有商松总裁的支持,本书的翻译工作是不可能完成的。在本书付印的时刻,让译者向商松总裁、邵寅亮技术总监和巨数/中庆的全体员工表示衷心的感谢。

值此中文版定稿开印之际,谨向所有为本书出版做出贡献的朋友们表示衷心的感谢。

夏宇闻

北京航空航天大学电子信息工程学院退休教授

北京巨数数字科技开发有限设计公司技术顾问

2011 年 12 月 1 日

前 言

前几年，我在另一家公司工作。那时我负责主持一片极复杂的"系统芯片"(System on Chip，SoC)的验证工作。该设计项目的计划进度安排得十分紧迫。当时我们的销售目标只是占据某具体市场的一定份额，而该市场对功耗并没有特别的要求，所以市场部负责人告诉我们："不用担心功耗，只要让芯片快点投产就行了！"经过多月的努力，芯片几乎按时投片生产，并满足了所有原定的设计指标。然而，那时的产品市场前景已发生了变化，我们当然没有得到预期的好评。营销团队对我们说的最多的就是："如果功耗能降低一些，就可以找到更多的潜在客户，销售业绩就会更好一些！"。为了达到更理想的功率指标，后来芯片经过了几次重新设计(re-spins)，项目负责人在事后的审查会议上，总结该项目的主要经验教训时，认识到："芯片设计必须考虑功耗。"

比起当年，今天这个说法更是如此。在消费者眼中，电池寿命是评判产品是否值得购买的关键因素。而半导体制造工艺过程不断地向尺寸更小、漏电更多的方向发展，使得降低芯片功耗成为更加艰巨的任务。即使是依靠从墙上插座取电运行的系统，也不能不考虑功耗这个因素。不断增加的系统时钟频率带来了系统设备冷却的重大问题。同时，设备-环境友好性也日益引起公众的关注和重视。今天，无论设计什么产品，都必须认真考虑功耗问题。

在过去，许多验证工程师一听到"功耗"这个词的时候，往往会逃避。难道这里没有一点电路问题吗？现在手头这本书书名里有"功耗"也有"验证"，作者将假定读者已经明白，功耗是一个非常重要的验证问题，或者至少读者想知道为什么大家都那么关心低功耗问题。虽然许多低功耗设计技术确实需要一些相当巧妙的电路构思，然而当这些低功耗电路出现故障时，所能看到的只是电路功能(或非功能性方面)出现问题或失效。时钟门控(clock gating)、电源门控(power gating)、单元隔离(isolation cells)和状态保持(state retention)都是一些具有特色的功能。在设计审核中，这些功能正确与否是无法用简单的方法检查出来的。为了检查这些特色功能，必须对特色功能的检查计划进行十分细致的安排，进行测试和仿真模拟。现代系统芯片(SoC)的电源管理方案的验证工作是极其复杂的。作者觉得，许多工程师将会对该验证方案的复杂性感到惊讶。

本书的特点在于：本书不是一篇阐述低功耗验证理论的、干巴巴的学术论文，而是一本让读者"卷起袖子亲自动手干活"的指南。本书是验证工程师写的,也是为验证工程师服务的。本书讨论验证技术时所使用的例子全部来源于作者在实际工作中遇到的问题,本书还包括可能遇到的错误类型的详细讨论。本文不仅仅讨论了低功耗验证的具体问题,而且全面地概述了低功耗电路的验证方法学。

VMM第一次学习高潮出现在2005年《SystemVerilog验证方法学》出版后[1]。今天,VMM已经成为最受验证工程师们欢迎的常用SystemVerilog类库。这是因为目前VMM库已能满足验证工程师们处理低功耗验证问题的需求。本书是以前那本书的伴读本。虽然,对经验丰富的验证工程师而言,本书所描述的某些方法学使人感到类似于已有方法学的自然扩展,但还有一些方法仍需要读者们进行更深入的研究。

Mediatek 无线电公司

凯利·D·拉尔森

目 录

TRADEMARKS

Synopsys is a registered trademark of Synopsys, Inc.

ARM and AMBA are registered trademarks of ARM Limited. "ARM" is used to represent ARM Holdings plc; its operating company ARM Limited; and the regional subsidiaries ARM Inc. ; ARM KK; ARM Korea Ltd. ; ARM Taiwan Limited; ARM France SAS; ARM Consulting (Shanghai) Co. Ltd. ; ARM Belgium N. V. ; AXYS Design Automation Inc. ; AXYS Germany GmbH; ARM Embedded Technologies Pvt. Ltd. ; ARM Norway, SA; and ARM Sweden AB.

All other brands or product names are the property of their respective holders.

DISCLAIMER

All content included in this Verification Methodology Manual for Low Power is the result of the combined efforts of ARM Limited, Renesas Technology Corp. , and Synopsys, Inc. Because of the possibility of human or mechanical error, neither the authors, ARM Limited, Renesas Technology Corp. , Synopsys, Inc. nor any of their affiliates guarantees the accuracy, adequacy or completeness of any information contained herein and are not responsible for any errors or omissions, or for the results obtained from the use of such information. THERE ARE NO EXPRESS OR IMPLIED WARRANTIES, INCLUDING, BIT NOT LIMITED TO, WARRANTIES OF MERCHANT-ABILITY OR FITNESS FOR A PARTICULAR PURPOSE relating to the Verification Methodology Manual for Low Power. In no event shall the authors, ARM Limited, Renesas Technology Corp. , Synopsys, Inc. , nor any of their affiliates be liable for any indirect, special or consequential damages in connection with the information provided herein.

About Synopsys Press

Synopsys Press offers leading-edge educational publications written by industry experts for the business and technical communities associated with electronic product design. The Business Series offers concise, focused publications, such as "The Ten Commandments for Effective Standards," "Social Media Geek-toGeek," and "The Synopsys Journal," a quarterly publication for management dedicated to covering the issues facing electronic system designers. The Technical Series publications provide immediately applicable information on technical topics for electronic system designers, with a special focus on proven industry-best practices to enable the mainstream design community to adopt leading-edge technology and methodology. The Technical Series includes the "Verification Methodology Manual for Low Power" (VMM-LP). A hallmark of both series is the extensive peer review and input process, which leads to trusted, from-the-trenches information. Additional titles are nearing publication in both the Business and Technical series.

第1章

绪 论

摘 要

市场的压力,环保规范的强制性要求,以及工艺技术的进步(缩小到 65 nm 甚至更小)是推动低功耗设计技术发展的三要素。因此,多电压设计至关重要。多电压设计不但给设计本身而且也给设计验证带来了许多新的挑战。

1.1 简 介

当今,几乎每个集成电路(IC)的设计和验证工程师都面临着要求降低功耗的巨大压力。而当市场、环保规范和工艺技术三个方面同时要求降低功耗的时候,我们面对的压力之大确实是前所未有的。这种对降低功耗的多管齐下的压力,已经迫使许多设计采取更为有效的降低功耗的新技术,这些技术几乎都涉及对电压的控制。本书的重点放在当今使用的新出现的电压控制技术,以及如何验证那些新一代的低功耗设计。与设计工作的本身比较,在大多数的设计流程中,验证通常是一项更大的任务。对设计低功耗的集成电路而言,这是一个非常棘手的问题,因为传统的验证技术并不能很好地验证是否已达到降低功耗的设计目标。因此,在本章的后部,有必要以全新的视角,重新研究布尔逻辑和验证过程。我们将竭尽全力,用本书建立起一套可重复使用的、严格的、全面的方法学,来验证低功耗(即功率受管理的)设计。

电子设计自动化(EDA)行业,发展至今已有 25 年以上的历史,过去,在设计过程中,一直没有,也不必处理电压受控的低功耗设计中所遇到的各种复杂问题。这是因为大多数集成电路的电源管理是在系统级进行处理的,因此对 IC 的技术规范和验证过程的影响非常小,这也超出了 IC 设计流程中所使用的 EDA 工具的支持范围。

---

* 此为原版书的页码,余下类同。

在芯片级设计方面,低功耗设计只局限在时钟门控的改进,这使得设计流程中的综合、布局和布线过程,产生了重大的变化,这些变化距今已有近十年的时间了。然而,EDA 设计流程中的这几个步骤,没有处理(也不必处理)集成电路或者 IC 组件的电源电压的控制需求。EDA 工具中的自动化分析和电路实现这两种能力的基础是硬件描述语言(HDL),而硬件描述语言中没有考虑逻辑电路的具体电压连接(被抽象掉了)。因为 HDL 并不考虑电压,而当前基于电压控制的低功耗 IC 设计必须考虑电压,二者之间出现了不一致,从而在 IC 设计和验证领域,造成了巨大的混乱。

大家知道,在电子行业中,多年来人们已积累了丰富的知识产权(IP)模块、代码库、EDA 工具和流程。现在,CMOS 器件的电压控制需要依据这些数据库和设计流程进行设计和验证,电压控制是一个理想的控制系统的输出,该系统涉及硬件、软件、数字和模拟电路模块。掌握这种复杂的情况,现在不但是前端 RTL 设计和验证工程师的工作,也已成为后端电路实现和投片签字验收工程师的责任。

在下面几节中,首先考察推动电源管理的要素是什么。然后将进一步观察并研究在设计中采用电压控制技术,会给设计带来何种变化。这将把我们引入本书的主题,即针对这些低功耗设计技术的验证(VMM)。本章的最后一节将介绍本书的结构及如何采用本书介绍的方法学。

1.2　推动电源管理的要素

半导体器件正越来越多地被用在移动/消费类设备中。尽管移动设备的性能也很重要,但影响移动设备市场占有率的主要因素还是电池的寿命,以及设备的尺寸和外形,尤其在移动多媒体应用和电子消费市场上更是如此。随着能源的短缺和设备电费开销问题变得日益显著,即使是用交流供电的固定设备,也存在着要求减小设备尺寸、改进外形,并提供更好(节电)性能的巨大压力。人们逐渐认识到,全球已安装的半导体设备能耗所引起的全球气候变暖,已超过整个航空业。因此,许多国家的政府正在设法规范电子行业的能耗标准。

最后,我们将讨论,有助于实现更低能耗的典型技术进步怎样使节能的问题变得更复杂了。本节将着重考虑下面三个要素:市场、节能规范和技术,以及它们之间的相互作用。然而,在深入研究这个问题之前,需要仔细考察一下"功耗"这个词本身的含义。

1.2.1　更深入地考察电源的影响

电源管理中最重要的因素也许并不在于只考虑"功耗"本身,而必须综合考虑电路构造的功率密度、电力的传送、元件的漏电和寿命四大要素。这四大要素可以概括如下：

1. 功率密度

功率密度是指在一定区域范围内所消耗的功率，也就是在这一个区域内散发的热量。考虑一片封装尺寸为 1 cm×1 cm 的集成电路，它的平均耗散功率为 1 W。这一小片集成电路的耗散功率密度，等价于每平方公里耗散 10 GW 的功率密度。而 10 GW 的能量等于许多座核反应堆产生能量的总和。不用说，由这样一个功率密度产生的热量是极其巨大的：封装的表面温度往往可以达到 100 ℃，而管芯/半导体结温度可达到 125 ℃。为了散热，必须增加两方面的成本，一方面必须添置散热元件，例如更好的易散热封装、散热片和风扇等，另外一方面还不得不增加运行成本，如风扇和冷却系统等的运行需要消耗电力。许多过热装置集合在一起，例如服务器阵列（server farm）的日常运行，通常需要花费很高的成本，其开销相当于甚至比最初建设服务器阵列的成本还要高。在某些极端的情况下，电池附近积累的过高温度还有可能造成火灾，引起手机和笔记本电脑的爆炸。

通常，人们混淆了功率密度和功率两个不同的概念。虽然热量和相关费用在系统设计和原材料的总预算中占有十分显著的地位，但这并非是必须考虑的唯一问题。

2. 传 送

电力传送（delivery）问题涉及电源电压的逐步降低，以及承受电流波动的能力。对供电电源而言，传送是最容易被误解（即最难理解）的需求之一。然而，它构成了电源管理中的一个最重要的方面。随着工艺技术的进步，集成电路中晶体管的尺寸不断地缩小，电源必须能提供越来越多的电流，因此电流波动，尤其是快速的电流波动，经常会给电路设计带来很大的麻烦。传送通常被分类为 IR（电流×电阻）压降，和 di/dt（电流变化率）问题。电源管理方面最难以解决的问题之一是：功率密度和漏电缓解技术往往会造成电流传送问题。第 3 章中讨论了这个问题。

系统通常都带有一些可说明允许从子系统吸取最大电流值的指标。例如，便携式计算机上的 USB 接口，通常规定了这个接口可吸取的最大电流值。这一指标等价于所设计的系统对连接到该端口的任何设备所允许吸取的最大电流做了强制性的规定。

3. 漏 电

漏电是指芯片在没有任何活动的前提下所消耗的电流。在前几代制造工艺技术中，这种待机状态下的漏电流是极其微小的，完全可以忽略不计。而在深亚微米的设计中，情况已有很大不同：在移动设备的情况下，漏电将严重影响电池的使用寿命，造成重大的使用问题。因此，漏电问题不仅仅是电池供电设备指标优劣的问题。随着"绿色设计"的出现，对所有电子系统的漏电指标产生了巨大的冲击。系统的漏电指标必须符合有关部门制定的严格规范。请注意，晶体管即使在动态的情况下，也存在着漏电现象。

4. 寿 命

寿命是指由于电流功率密度较高,使得芯片的可靠性显著降低的情况。当今集成电路中导线的横截面与过去的横截面相比较,是相当狭窄的。再加上芯片中绝对电流的增加,很有可能使得构造导线的材料远比过去更迅速地老化。因此减少芯片中的电流,将显著地延长芯片的使用寿命。销售到不同市场的电子产品通常都有使用期限的要求,在使用期限内往往有制造厂商的保证。因此,确保产品能在规定的期限内可靠的工作是一个至关重要的设计约束条件。

鉴于上述四大要素(功率密度、电功率的传送、漏电、寿命)会影响系统电源的功耗,现在再让我们考察一下市场、技术进步和节能规范这三个方面是如何相互作用,并影响这几大要素的。

1.2.2 市场对降低功耗的压力

半导体产品中,无论是便携设备还是其他设备,其中消费类电子产品所占据的比例越来越高。推动消费品市场不断发展的动力是产品丰富的多媒体功能、纤薄的外形,便携设备的电池还必须有足够长的使用寿命。消费品市场对产品的价格极为敏感,因此要求产品原材料的价格极其低廉。

在便携设备领域,功率密度和漏电是设计必须考虑的两个重要因素。手持设备不能过热(否则将导致产品出现故障),产品的体积必须很小,因此无法安装散热器和风扇。安装散热器和风扇不但增加最终产品的成本,也使产品的体积增大,以至外型粗笨。电池的重量也是一个问题,重量越轻越好。因此,消费产品的部件必须能够高效地利用能源。此外,这些电子部件不能以漏电的方式浪费任何一点能源。因此,我们必须尽一切努力减少便携设备的动态功耗,并尽可能地减少漏电,以减少功率的静态功耗。

对由市电电源供电的那部分设备而言,功率密度往往是主要的制约因素。封装、散热片和风扇的成本将显著增加需要采购的原材料成本。此外,有一些多媒体设备,如电视机,是不允许使用风扇散热的,因为风扇的噪声会影响音响的质量。产品尺寸的大小对是否畅销也是一个至关重要的因素。因此,设计师必须想方设法降低功耗。

在诸如服务器、企业网络等系统设备市场,功耗指标是提高系统性能的制约因素。因而降低功耗可提高产品的实际性能,或使产品提供更高的端口功率密度。此外,这些设备耗能的计量,不仅要考虑设备本身运行所需要电力,还需要考虑机房内冷却室温所需要的电力。此外,对这一部分产品而言,还必须安装专用的电力传输线路,这又要增加额外的费用。如果减少了产品的功耗,这些费用也随之减少,因此,功耗的大小也是供应商在市场上选择有关产品的关键依据。

从节能观点出发的市场力量正在形成。世界各地对能源的需求正在迅速上升,无论是在欧洲的发达国家,还是新兴经济体国家,特别是在家用电器的生产和销售方面,普遍设置了节约能源的强制性规定。从而使太阳能在经济上变得可行,促进了太阳能工业的发展。太阳能发电最重要的一个问题在于电力就在本地产生,不需要远距离传送,而且产生的电力是直流电,不是交流电。这就需要把直流电转换为交流电,然后再提供给各家各户。具有讽刺意味的是,在我们使用的每个电子设备中,还需要把交流电再转换成直流电。

在电器设备中把输入的交流(AC)电转换为设备运转需要的直流电(DC),大约要消耗掉 30% 的电能,这么大一部分的能量被白白地浪费掉。再加上从太阳能产生的直流电,转换成传送到每家每户的交流电,电力传送的效率进一步地降低,给整个系统增加了许多不必要的成本。为了解决上述问题,直接利用直流电的设备应运而生。事实上,大多数计算机、通信、娱乐、网络、甚至灯光、暖气和通风设备(电风扇)都可以直接利用直流电运行。直接用直流电的电器设备的崛起,不但可以降低系统的整体成本,而且每个家用电器可以节省许多电力,从而需要安装的电力设备也可以减少。采用上述方法,系统成本的降低是十分显著的,在大多数情况下,太阳能直接供电系统的成本可以降低约 50%。

随着太阳能技术的出现,由晶体管漏电所引起的器件闲置能耗是太阳能技术所供不起的。设备闲置时的电能消耗等价于不断地消耗着太阳能系统电池中已储存的电能,并使电池不能继续充电。系统闲置时所消耗的总能量直接关系到太阳能电池板系统的制造成本和电池的容量。半导体设备只有达到在闲置模式时消耗的电功率几乎为零的"闲置效率"时,才能被实际市场所接受。

6

1.2.3　技术的进步和功耗的减小

直到 90 nm 工艺成为实用技术之前,解决功耗的方法是很简单的:只要减小芯片的几何尺寸,降低电容和电源电压就可以降低功耗。但是晶体晶体管漏电的难题使得降低功耗变得十分困难,而且电流传输所必须的电路基本尺度和电路寿命日益成为难以解决的问题。让我们考虑图 1-1 所示的新-旧工艺芯片整合过程中出现的功耗问题,用功耗的具体数量来说明该问题。把用 0.18 μm 工艺制造的两个芯片 A 和 B 用 0.13 μm 工艺,集成到一个芯片 AB 中后,降低了整体功耗。请注意,虽然电源电压比原来低了,但现在芯片 AB 所需的电流变得更大了,达到 0.45 A。假设新增加的功能可用 90 nm 工艺制造的下一代芯片来实现,若我们想要把 ABC 集成到一个芯片上,则该芯片将消耗 0.7 W 功率,而不是预期的 0.4~0.5 W。这个解决方案是存在问题的,因为在 90 nm 和 90 nm 以下更精细工艺实现后,由工艺尺寸的缩小所带来的功耗减少的好处已经不再存在。

(译者注:图 1-1 中第一行右边的块应该是 Chip B,原书错)

因为电路的电压相当低,所以 90 nm 工艺电路所需的电流相当的大,因此实现

7

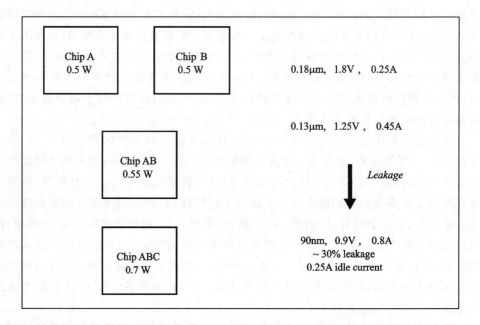

图 1 - 1   工艺过程的进步

这种大电流传送机制的电路成本也比前几代工艺的芯片高许多。此外,几乎 30 ％的电流不是由于电路的开关活动而消耗的,而是因为管芯中每个晶体管的漏电流而白白浪费掉的,这个事实的存在确实是个麻烦。事实上,在深亚微米工艺的设计中,即使电路处在闲置状态,流过芯片的电流,也足以使得芯片显著地发热。请注意,传统的低功耗技术,如时钟门控技术,对降低泄漏功耗没有帮助,它们除了及时关闭不必要的电路动态操作,这最终可降低芯片的温度,从而导致漏电流的降低外,对减少晶体管的漏电没有任何直接的作用。

漏电(Leakage)现象已经导致了电子设备节能规范的建立,我们将在下一节中看到这是一个值得注意的必然结果。

1.2.4   节电的规范问题

单个设备的漏电不只是一个普通的小问题,而是一个值得注意的大问题。世界各地,不论在发达国家和发展中国家,消费类电子设备、家用电器中的电子控制/接口设备,和汽车零部件的数量不断地增加。家用电子产品的推广和普及是因为电子产品的价格越来越便宜,装上了电子部件的高档家用设备,普通人也能买得起。数以百万计的家用设备中现在都安装了电子芯片,由此提出了如何才能提供足够的能量来支持家用电子产品巨大增长的问题。世界各地的节能监管机构已经深刻地认识到待机状态的家用电子产品所浪费的能源十分惊人,因此不但对家用电子产品的待机功耗的上限定了规范,进一步还对设备的运行功耗的上限也已做出了具体规定。本书第 1 版发行的前后,美国已经强制执行了能源之星(Energy Star)[32] 规范。该规范要求大多数家用消费类电子设备的待机功率小于 1W。并且进一步根据家用电子产品的等级和设备的大小,对其运行功率制定了强制性的规范。欧洲、日本、中国和印度有可能效仿此规范。

1. 待机状态的耗能

许多家用电子设备,如电视、DVD 播放器、机顶盒、游戏设备等,即使不再使用的时候,也耗费一定数量的电力。大多数设备具有时钟和远程控制功能,即使当设备处在功能性的"关机"状态,其实仍在不断地运行着,并等待着用户可能输入的开机信息。让我们以等离子电视机为例来说明这个问题。虽然也许电视屏幕的电源已关闭了,但电视机中有不少电子器件仍在运行,需要它们记住频道、屏幕设置等参数,并等待着从遥控器输入下一个命令。虽然听起来可能没有很多工作要做,但这些工作对某些型号的电视机而言,可能需要消耗多达 5~8 W 的功率!

另一个例子是家庭网络中的路由器。网络流量从本质上而言,是非常突发性的。可能在很长一段时间内,路由器无所事事。大多数型号的路由器仅在待机状态,就需要消耗 10~50 mA 的电流,即 1~6 W 的功率(由标准的 110 V 电压供电)。

在上面两个例子中,导致电力浪费的事实是,即使电子设备处在待机状态,仍需处在一定的"准备状态",在当前大多数的电子设备中,待机状态的执行效率还是比较差的,浪费了不少电力。

让我们假设,每个家庭的所有电器设备,总耗费的待机功率约为 10 W(有一些研究报告指出待机总耗费功率的实际情况接近 60 W)。如果美国 7 千万个家庭中,有这样规模待机功率消耗的家庭只有 25%,那么总共消耗的待机功率将高达 175 MW,24 小时日日夜夜地在浪费着电力。与已安装的发电能力从 50~1000 MW 范围内的规模经营的发电厂相比较:待机功率消耗相当于一个中型火电厂 24 小时日日夜夜运行所生产的电能。在一天之内,仅消耗在全美国一个国家的家用电器设备上的待机功耗,就足足浪费了约 4.2 GW 小时的能量单位。根据美国能源部的统计估计,家用电器设备的能量消耗约有 40% 花费在待机电力消耗上。若我们把这个计算结果扩展到全世界各地,则由待机消耗的电力数量的庞大将更加惊人。

例如,典型的等离子电视机的正常工作(有效)模式耗电约为 166 W,但待机工作模式的耗电只有 8 W。即使待机模式消耗的功率只占这个例子总耗能的 5%,但在短短的一天时间内消耗的总电能,在要付电费的账单中,待机状态消耗掉的电费大约相当于观看电视机所消耗电费的 55%,因此待机耗电约占总电费的 35%,如表 1 - 1 所列。在某些电子设备中,待机功率高达 30 W,造成了更大的电能浪费。

这一趋势引起了世界各地许多政府组织的注意,从而对电器设备的耗能,制定了一系列强制性的严格节能规范,尤其针对待机模式的耗能做出了严格的规定。这必

8

表 1-1   等离子电视机工作状态能耗和待机状态能耗

等离子电视机	
工作模式	166 W
平均使用时间	2 h
正常运行所耗用的电能/每天	0.33 kWh
待机功耗	8 W
待机能耗/每天	0.18 kWh

将对设计风格产生重大的影响,从而导致新的体系架构和微体系架构的同时诞生。

2. 积极的电源规范

正如前面所提到的,世界各国政府都面临着为本国公民供应能源的问题。建造新的发电厂需要巨大的投资和很长的时间,此外,还会造成环境问题,因此必须把重点放在提高能源的效率上,而不仅仅是增加发电的能力。

即使在普通消费市场上,也由此而推出了积极的电源节能规范。从某种程度上而言,这些都不是新的概念。企业、工业和商业客户,多年来一直受到当地市场积极电源节能规范的制约。在某些情况下,通过增加关税、强制执行电力线路的规格和额外的安全措施等手段来规范节能的行为。因此,最终用户在这些市场上,对电子厂商施加压力,要求产品达到节能的标准。

当本书的第一版出版时,新的节能监管体系还只是一个受不同监管团体推动的,目标广泛的,要求限制消费电子设备有功功率的松散机构。在某些场合,这个节能机构,从诸如无绳电话之类的小型家电,一直发展到大型的电视机领域。近年来,消费市场占主导地位的推动力是电子器件的发展,结合这一事实,必将造成电子系统中的大多数半导体器件设计上的重大变革。

1.3   电压控制方案的出现

在上几代集成电路芯片中,时钟门控方法主要被用于控制开关(切换)电容的数量,以此来降低动态功耗。以前还使用高阈值电压来实现非关键路径,以此来减少漏电。依靠这两种技术节省电力的方法在市场竞争中已不再被认为具有优势,也不足以应对目前新一代工艺过程的复杂性。因此,在设计和应用领域中,越来越多的设计师转向更有进取精神的基于电压控制的设计方案。

1.3.1　CMOS 和电压

为什么在 CMOS 电路中采用电压控制来降低功耗的方案会越来越占优势呢？这是基于 CMOS 器件的物理特性的缘故。CMOS 器件采用的是电压受控的电流源技术。电流确定了 CMOS 器件的性能以及功耗特性。CMOS 集成电路的动态功耗和漏电功耗主要取决于电压的大小。

正如图 1-2 所示，CMOS 器件中的动态功耗直接与所施加的电压平方成正比。工作电压只要下降 10％ 就能导致动态功率下降 20％。此外，漏电流 I_{leak} 与所施加的电源电压成指数比例关系，与晶体管的阈值电压成反比关系（这里没有列出方程），漏电功耗的大小几乎全由漏电流 I_{leak} 产生的电压支配。因此，即使电压只下降 10％，漏电流也会出现实质性的减少。

（译者注：原图 1-2 中，上面是 CV^2，下面是 CV。）

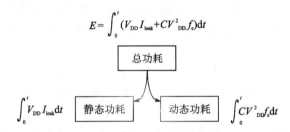

$$E=\int_0^t (V_{\text{DD}}I_{\text{leak}}+CV^2_{\text{DD}}f_{\text{c}})\mathrm{d}t$$

总功耗

$\int_0^t V_{\text{DD}}I_{\text{leak}}\mathrm{d}t$　静态功耗　　动态功耗　$\int_0^t CV^2_{\text{DD}}f_{\text{c}}\mathrm{d}t$

图 1-2　CMOS 器件的动态/漏电功率方程

然而，采用电压控制来降低 CMOS 集成电路的功耗，说起来容易做起来却很难。在实际电路中，控制电源电压的体系架构是相当复杂的。CMOS 晶体管是一个有 4 个极的器件，因此可以采用多种方式来控制电压。尽管第 2 章将更全面地探讨采用多电压控制降低功耗的方法，在本章的下一节中，我们先介绍一下实现多电压控制的基本知识。

1.3.2　实践中的多电压设计

人们必须承认这样一个事实，即一旦采用多电压控制技术，电压就不再是一个在空间上或时间上保持不变的常数值。施加在不同晶体管上的电压可能会有所不同，即使在同一个管芯中，不同晶体管上施加的电源电压也有不同。施加在同一电路上的电源电压也可能会随时间的变化而有所不同。采用上述电压变化手段来降低功耗的设计被称为多电压设计。

首先让我们关注闲置的电源。从系统的角度很容易找到关闭闲置的电源来降低功耗。所有的系统或某系统的所有功能不可能在所有的时间里一起运行。因此，减少能源浪费的机会是极其巨大的。因此,在电子产品设计的时候必须注意闲置状态时的功耗。系统中某部分闲置时必须停止消耗能源。

我们可以在这样一个设计层次来考虑闲置模式的效率,即在设计系统的体系架构时,就考虑可以切断闲置部分的电源。这样一个设计必须满足下面两个理想的基本属性:

① 只有当需要时才对系统的某部分电路供电,因此系统每个部分的供电电源必须相对独立。

② 系统的任何部分一旦处于闲置状态,就立即切断该部分电路的供电。

满足上述两个基本属性的体系架构的含义是:在设计的每个系统和每片集成电路芯片中,都必须建有一个内部的"电源管理器"。这种电源管理器都必须具有硬件和软件的双重智慧,因为最现代化的系统和集成电路都紧密地依赖软件来管理和协调系统各部分的运行,包括启动和闲置。

读者能想出"可部分关闭的设计"概念。系统确实并不需要每天 24 小时在同一层次上执行所有的任务。例如,人们也许购买了一台高清晰度电视机,但可能只在屏幕上看低分辨率的节目或照片。也许购买了一部智能手机,可在大部分时间里,只把它用作一个普通手机,一部电话机而已,而不是用它作摄像机或视频播放机。因此,尽管会有一些部件,没有足够的应用机会,若将其完全关闭,可以显著地降低系统的运行功耗。类似这样的技术可以被用来减少设备的有功功率消耗。在低性能模式运行时,有机会降低电源电压,从而降低有功功率。因此,从"可部分关闭的设计"概念可得到如下的结论:

- 只要能满足电路的性能目标,应尽可能采用低的电源电压来维持这部分电路的正常运行。
- 在实际工作中,通常采用如下一些技术,说明如图 1-3 所示。在第 2 章中,从底层向上层详细地介绍了这些技术。
- 多电压(V_{DD}):把芯片分割成多个供电区域,每个区域连接到各自的电源。因此,非关键区域的供电可以使用电压较低的电源,以节省运行电力。
- 电源门控:利用片上的电源开关,局部"切断"功能模块的供电,从而减少漏电/闲置电流。
- 背偏压:对衬底节点施加反向偏压来增加阈值电压,从而减少漏电。
- 低 V_{DD} 电压待机:闲置时,降低电压电平,仍保持电路的最后状态。这是一种漏电控制技术。
- 多轨线保持:关闭主电源,启用备用电源,把状态保持在低漏电的锁存器中。
- 用电源门控的状态保持:只保留某些状态保持元素的供电,切断其余逻辑电路的供电。
- DVFS(动态电压频率调整):动态地改变电压/频率,以实现最佳的功率/性能比。主要好处在于降低动态功耗,由此降低半导体结温度,从而减少了漏电。

上述每一项技术都有自己的应用空间和功效。每一项技术都会遇到体系架构的

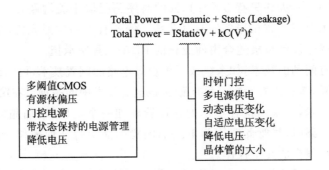

图 1 - 3   CMOS 器件的电源分流

选择、设计实现和验证等一系列挑战。总而言之,当今实际工作中所观察到的体系架构的选择方案如下。

1. 动态功耗的降低

降低动态功耗的手段有以下三个:① 减少需要切换的电容数目;② 减少操作频率;③ 降低施加在电路上的电源电压。

因此,我们可以看到在许多设计中采取了这样的手段:减小芯片面积(即电容),沿着电平切换频繁的路径把芯片的总电容减小到最低限度。时钟门控技术就是这样一种被普遍采用的有效手段,它有效地降低了电平切换极其频繁的线网的电容。商业化的 EDA 工具可以提供从早期综合一直到后期布局布线的全套自动优化解决方案。用这种方法进行设计在验证工作量方面没有很大的增加,而采用多电压控制技术进行设计,验证工作量将有巨大的增加。

电路频率的降低取决于电路的体系架构,并受硬件和软件的控制。只需要用较低的电压供电,就可以满足时钟频率较低电路的时序要求,所以随着动态电压的减小,频率通常会有所降低。

本书中,我们更注重采用降低电源电压的方法,因为该方法代表了对传统设计和验证技术的新挑战。

还有其他一些方法,可以减小电源电压,并降低运行频率。若芯片中不是每个部分都必须以很高的频率运行,则可以使用较低的电压为芯片中频率较低的部分供应电力。分区域供电通常被称为多电源(multi - VDD)体系架构,并被广泛应用于电源电压可动态换挡的场合。

2. 减少漏电功耗

温度的变化不是受人控制的,所以 CMOS 半导体的漏电电流主要依赖于对晶体管阈值电压和(或)电源电压的控制。最简单的情况是在静态场合,若给晶体管(或库中的元件)指定的阈值电压 V_t 较高,则发现晶体管出现运行速度较慢,漏电较低的情况,若指定的阈值电压 V_t 较低,则出现晶体管运行速度较快、漏电较大的情况。通

13

常,在大型芯片中,大约只有 5％～15％的时序路径属于关键路径。因此,采用上述电压控制技术可以节省相当多的漏电功耗。倘若有可用的库元件,采用电压控制的低功耗自动优化设计也极适合由商业化的 EDA 工具来承担。

采用更有闯劲的技术,如系统或者模块级电路的闲置技术,可以进一步大幅度地降低漏电功耗,节省闲置耗能。反向偏压是这类技术中的一种。在第 2 章中,将进一步讲解这种技术,对采用这种技术的晶体管施加一个电压,增加晶体管的阈值电压 V_t。这将减少漏电,尽管此时因为电路的闲置不能执行任何操作(或只能以大大降低的速度执行很少的几个操作)。

另一种挖掘系统闲置状态时能耗的方法是尽可能地降低供电电源的电压,直到只能维持系统状态不至于丢失为止。这种技术被称为低电源电压(V_{DD})待机。虽然这种方法对减少漏电是十分有效的,但正如采用反向偏压技术一样,此时电路不能高速运行。

无论采用反向偏压和低 V_{DD}(电源电压)待机技术,若没有发生意外情况,都不至于出现电路状态丢失的问题。因此,这两种技术对拥有大量存储器的电路块是非常有价值的。但是,对许多没有必要保持电路状态的逻辑电路块,或对一些只有内部组合逻辑的电路块而言,若遇到这两种场合,则可以完全切断此类电路块的电源,这就是所谓的电源门控技术,下面几章中我们将进一步讨论这种技术。

选择最佳体系架构是一件十分棘手的任务,不如现实生活那么简单。在系统级层面上每个芯片面临许多制约因素,因此设计者不但要考虑芯片在不同模式下的平均功耗,还要顾及电池的寿命,关心材料的费用,不同模式下的延时与吞吐率,以及产品的生产和推销等难题。这种体系架构的优化工作远远超出了本书的范围。通常情况下,设计团队并没有花时间认真考虑结构优化的问题。实现一个特定的体系架构,并使其正常运行是一项相当艰巨的任务! 这正是验证工作能给予我们帮助的一个领域,因此在本书中,仅限于讨论有关低功耗电路的验证问题。

1.3.3　多电压控制系统的形象

除了介绍降低功耗的目标和机制外,本书努力所做的工作之一是鼓励读者把电源管理方案当作控制系统来考虑,即把它当作一个试图调节器件电压,以实现降低系统的功率和能量消耗为最终目标的系统,并把电路的活动、热环境和资源的可用性作为该系统的输入。它是一个既有硬件又有软件,既有输入又有输出的控制系统。从电源管理控制系统的观点来考虑问题,将大大有助于理解电压调节器(电压源),电源管理单元(PMU)和许多受控模块(controllees)三者之间的环路,如图 1-4 所示。

控制系统内部必须进行信息交换,才能实现有效的节能控制,最值得读者注意的问题是:这些内部交换的信息并非全是由硬件有限状态机产生的数字信号。其中有几个信号是异步产生的模拟/数字混合信号,还有一些是由状态机生成或由软件控制

的纯数字信号。尤其值得注意的是,电压并不是"逻辑信号",而是模拟量。CMOS
有限状态机产生的正常逻辑信号具有同步行为,而电压信号并没有这种同步行为。
在实际操作中,我们不能以时钟信号为节拍来处理电压信号。这是相当棘手的问题,
从而使多电压控制电路的验证工作变得十分困难。在本书后面的各章节中,我们将
进一步深入细致地讨论这个控制回路,并解决如何才能确保这样的系统能正确有效
地工作的难题。

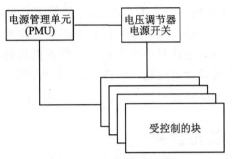

图 1-4 控制回路的抽象

在现代系统芯片(SoC)中,执行电源管理功能的硬件电路的原理图如图 1-5 所 15
示,用这个方框图来表示 SoC 片内的电源管理模块是比较恰当的,该图详细地说明

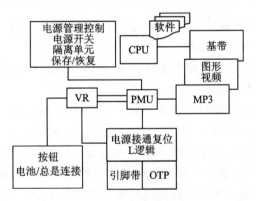

图 1-5 控制回路的细节

了电源控制回路的构成,即电源管理单元(PMU)接收来自各个功能块的信号,并向
不同的功能块,其中包括电压调节器,发出控制信号,由此组成了电源控制器的硬件。
运行电源管理软件的 CPU 或微控制器,组成了电源管理器最重要的观察和控制部
分。最后,混合信号元件,如电压调节器,电源开关等,无论在芯片内或芯片外,在解
析结构上都是属于第三维。第 5 章更详细地讨论了这一结构和组成。现实生活中的
系统变得十分复杂,通常是由分层次的子系统组成,所谓电源管理子系统就是:在较
大的电源管理系统控制和管理下,供电受上层系统管理的客户。例如,连接到笔记本
电脑 USB 端口的 MP3 播放器,它的供电受到 USB 接口子系统的管理。

16

1.4　组件的验证

前面的讨论把我们引导到本书的主题:电压受控设计的验证。许多验证工程师都对电源管理方案验证的复杂性感到十分震惊。尽管电源管理单元所占的芯片面积十分微小,但涉及芯片工作的各个方面。因此,电源管理方案的验证应纳入基本功能的验证。必须证明已设计的芯片在所有的模式下都能正常地运行,并已达到了节能目标。此外,还必须验证,该芯片器件可以从一种操作模式转移到另一种操作模式。这使得我们考虑有关模式覆盖的问题。同样地,由于电源管理所引起的效应,电源和其他测试平台组件需要加以修订和补充。

1.4.1　历史的回顾和展望

传统上,所谓多电压设计是指在设计中采用电压控制手段实现电源管理目标的任何设计。由于下列因素的影响,多电压设计实现其节能目标,是一个十分痛苦的过程:

① 没有可用来表示体系架构的统一途径,尤其没有表示选择体系架构和连带部件各种不同约束条件的统一办法。

② 很不幸,硬件描述语言根本无法描述电压。而电压的描述,对实现节能设计而言,是不可或缺的重要基础。

与根据用户指定约束条件的优化不同,在多电压节能电路的实现过程中,验证必须考虑芯片可能经受的所有系统级的条件和环境。电源管理方案虽然主要由软件编写,却不能用仿真器调试,也不能用 FPGA 来验证,因此多电压节能电路的设计和开发受到严重影响。此外,逻辑仿真器存在着致命的缺陷,因为,逻辑仿真器的原理是建立在芯片的所有电路总是与电源接通的假设基础之上的。例如大多数 EDA 工具流程模型都假设电源电压任何时候都一直施加于设计芯片的电源输入端。过去从来没有把芯片内部的电路划分成多块,每块分别由不同的电源供电,可以分块切断或接通电源的概念是以前没有的。事实上,逻辑仿真本身就从"全部接通"状态开始,假设已有一个稳定不变的默认的电压。随着设计师试图克服逻辑仿真器存在的这种限制,已产生了四代电源管理验证解决方案:

① 门级模型:这一类型的门级模型可用逻辑电平为 1/0 的电源电压(V_{DD})线网来表示电路的开/关,并强迫逻辑单元在切断电源供电(关机)时输出不确定的逻辑状态"X"。对门级模型曾做如下的强制性规定:电压不能突然接通/切断,且许多事件,诸如电源复位等,是基于实际电平的。这些因素也限制了门级模型无法处理大型的设计和很长的向量。倘若这一类型的门级模型没有能力把实际的连续电压包括在其

行为模型的处理范围内,则它们就不能用于许多常见设计的建模,诸如低电源电压(V_{DD})的待机就不能用此类门级模型来描述。

② RTL 级的强迫语句(RTL level force):对供电被切断的电路模块,强制其接口信号为不定态(X)。这样做虽然可以弥补门级模型描述的局限性,但给电路结构的分区带来了严重的困难,不能为电压的切换和某些设计风格建立有实际意义的模型。有些限制来自于语言(如 Verilog / VHDL)本身,因此是很难克服的。

③ 仿真器自带的强制转换:这是上述第 2 项的一个改进,不是用 RTL 中的 force 语句,而是由支持通用功耗格式(common power format)的仿真器来模拟断电的模块。但这样做仍存在与第②项相同的缺点,因此仿真器的能力受到局限,当今在使用的许多设计不能用这个仿真器验证。

④ 能感知电压的仿真器:这是一种可建立真实电路行为模型的技术,该技术考虑了在任何时候施加的/生成的动态电压值。这些仿真器有能力在 RTL 级/网表级,处理几乎所有的电源管理操作。

1.4.2 能感知电压的布尔分析

因为设计师通常用上述前三个类型的仿真器作为硬件逻辑电路的调试工具,所以许多问题本质上是由控制而引发的,却表现为器件的电气故障错误,这些问题往往会被漏检,等到硅片制造阶段才被发现。不能感知电压的逻辑仿真存在的一个重大问题是错误地假设电路的关机和唤醒是瞬间完成的,在这个错误假设基础上建立的模型存在着很大的隐患。另一个问题是这些模型只能模拟与断电有关的效应。由此引起的漏检错误列举如下:

● 所施加的电压不正确/电压状态不在计划之中。
● 电压调度的错误。
● 电源接通的复位序列。
● 电压监测和握手逻辑的错误。
● 逻辑转换的错误。
● 存储器内容丢失/电压竞争的错误。

在第 3 章"电源管理漏洞"中详细地介绍了有上述漏洞的一些例子,以及如何发现并调试这些漏洞。必须了解电源管理的漏洞是极难发现和调试的,这一点极其重要。它们甚至有可能不表现为常见的"1/0"逻辑错误(波形可见,但波形变成了另外一种样子);人们可能发现的唯一表现是在某一模式中,电路的电流消耗过大,或者电池的寿命显著地缩短。

因为检测的结果与系统的具体细节,例如引脚带和电压调节器有着十分密切的关系,并且与能执行的软件序列也有牵连,似乎处在一个系统中,所以很少直接使用传统的测试器来检测电源管理的漏洞。例如,在实验室或测试环境中很难复制电路的过热情况。必须使用创新的、现实的系统级调试技术来寻找这些漏洞,往往只有依靠运行软件才能解决这一难题。

芯片的集成度越来越高,这更增加了芯片电源管理漏洞检测的复杂性。大约 10 年前,可通过探测线路板上不同集成电路芯片之间的信号,来调试电源管理的漏洞。在系统芯片(SoC)时代,整个系统和子系统全部集成到一个封装内的 nm 级工艺的硅晶片上,这种工艺往往涉及多层金属之间的连接。当芯片出现故障或看到系统级的错误时,纳米级的多层金属连接使得芯片的调试变得极其困难。这意味着设计过程的拖延以及成本的提高,从而导致芯片的投产计划延期。因此,能感知电压的逻辑仿真器的出现是非常及时的:使得设计者在 RTL 级层次的代码上就能找到复杂的电源管理漏洞,从而加快固件的调试,早日实现 SoC 芯片的成功投产。

能感知电压的仿真举例说明如下:

```
//原始表达式
A = B && C;
//实际执行如下操作:
若(A 的 V_DD 电压被切断)则 A = X;否则
若(A 的 V_DD 电压接通,并且 B 或 C 的 V_DD 电压也足够大)
则 A = B && C;
否则
A = X; ...
//这样描述是否足够?
//如何定义足够?
```

在实际电路中,信号 A、B 和 C 是需要用晶体管驱动的,施加在晶体管上的电源电压之间的精确关系,动态地决定了 A、B 和 C 的逻辑值。实际电路远比只有一个永远存在的电源电压 V_{DD} 连接,并只有接通/切断行为的逻辑电路复杂得多。必须再次强调指出,历史上所有逻辑仿真都假设所有的逻辑电平是相同的,也就是说,它们总是由同一个电源电压驱动,因此不存在电路块电源被切断或者接通的问题。这种仿真器根本不能用于电源受管理的低功耗设计。为了能够验证和调试电源管理设计,必须使用能准确反映实际硅片电路行为的能感知电压的逻辑仿真器。

显然,改变布尔分析的基本概念,势必会对仿真和验证工具产生巨大的影响。在这个领域,就仿真语义而言,新的标准正在不断地出现,仍然需要做大量的工作,才能使其满足所有的设计仿真场合。《电源管理验证用户指南》[3]这本书更详细地讨论了能感知电压的布尔逻辑是如何以及为什么可以用于实际电路的设计仿真的。

能感知电压的布尔分析方法,改进了以前常用的布尔代数,使得问题空间变得极端复杂,造成了目前这个进退两难的局面。必须把新的覆盖数据、测试平台的构建技术、断言类别等添加到高效率的调试机制和验证过程中。例如,考虑图 1-6 所示的设计和附带的电源管理状态图。

在传统的验证领域,所有的努力都集中在"总是连接着电源"的状态。在电源受

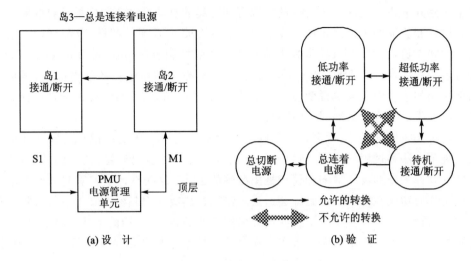

图 1-6　低功耗设计验证

管理的设计中,以下四项必须得到验证:

- 在每个电源状态/模式下,设计的功能都是正确的。
- 在每个状态,设计都可执行所要求的状态转移。
- 不能执行非法的转移或状态。
- 设计能通过一个合适的状态/转移序列,对激励做出正确的响应。

　　这是一个相当复杂的问题;除了能感知电压的仿真外,我们还需要一种智能化的形式/静态技术来对电源管理方案进行分析。不幸的是,该行业的许多方法学已把电源管理的验证工作定义为只是建立一套结构性的规则并加以核对。这样的定义存在着严重的局限性,并很容易出错。确实,结构性的错误,例如电路元件和电源之间连接不正确或连接遗漏,只需要通过电路的静态分析,就可以发现,这些连接的错误是很重要的漏洞。然而,第 3 章详细地介绍了只靠静态分析不能检测到的一些错误。总而言之,电源管理的有效验证,必须采用智能化的混合解决方案:即把电气性能准确的逻辑仿真器和向量分析工具结合起来,用于发现设计的漏洞和错误,以实现首次投片即告成功的愿望。关于静态验证和动态验证,将在第 5~7 章中阐述。

1.5　方法学的采用和实现

1.5.1　方法学的差异

　　电压感知分析对实际仿真而言是必不可少的,但验证任务所要求的则远远超出了电压感知分析。也许电压受控的电源管理方案的自动设计流程中最重要的问题是指定设计和验证的规范。正如将在本书的后面几章中看到的那样，电源管理方案是细化的状态机，它对时序、异步握手信号和短暂的控制流（temporal flow of control）有着严格的要求。用 HDL 语言描述的设计没有办法描述电路的供电电压，再加上当前所用的语言中也缺少说明协议规范的机制，这个事实，使得多电源管理设计和验证问题变得更加难以琢磨，扑朔迷离。

这也是我们的经验：大多数工程师因为没有接受过电压受控设计的验证和指定技术规范方法和过程的训练，所以并没有意识到哪里可能出现错误。电源管理方案经常受到许多新的设计缺陷和原理框图漏洞的困扰。这些设计缺陷看起来似乎不至于产生任何功能性错误。但是却会造成了诸如过热或功率超额消耗等电气故障。传统的"逻辑验证"过程发现不了这些设计漏洞。然而，经过仔细的考察，我们总可以在控制过程中找到已发生错误的事实。在系统的体系架构和微结构的设计过程中，设计者往往没有考虑电源管理中出现的各种现象，从而没有采取有效的措施，控制操作中的一个小错误，经常会导致本质上是由电气或电源引起的重大故障。

举例说明如下：假设系统芯片（SoC）中存在一个电源管理漏洞：由于设计者的疏忽，未能及时切断一块暂不使用的大电路块，该电路块消耗的功率很大，切断该电路块的供电，确实是降低 SoC 功耗所必须的。功能测试（正向测试）无法确定这一类型的错误。而此时，该 SoC 可能出现电流消耗过大，呈现电流高峰（基于电气完整性的故障），产生了多余的热量，电池的寿命显著地缩短。这些错误都不是系统级的功能错误，即在系统芯片对输入信号产生响应时，没有观察到任何"1/0"的逻辑错误。用传统的验证方法根本没有办法说明这种故障。除了有意识地应用特殊方法外，这个故障是无法验证的。

低功耗测试平台的创建是另一个正在取得实际进展，并迅速扩展的电子设计领域。大多数验证工程师把逻辑仿真器加以改造，使其能适应电源管理方案的仿真。这样的改造，除了如下所述的 5 个关键要素外，在大部分场合下都是十分成功的。这个话题将在第 5 章中进一步讨论。

- 必须为关键的系统级组件（例如电压调节器等）的响应建立仿真模型。这是电源管理控制系统的一个重要组成部分。
- 随机测试方法，甚至受约束的随机测试方法都不适用于电源管理的测试和验证。这是因为到目前为止，对电源管理的状态，我们尚未建立形式化的约束机制表示法。此外，电源管理中硬件/软件之间的配合使得随机测试变得更加困难。
- 请注意，在多电压的仿真中，测试平台并不是"监视着"电源管理的失败条件。除了仿真外，我们需要智能化的"监视者"，不仅帮助监测产生错误的条件，还能提供有效调试的适当信息。
- 现在，对任何断言、监视器、校验码等电路块，都必须考虑对应电路块的供电电源被切断的情况。这个工作通常需要投入相当大的精力。此外,必须为电源管理,包括电压通道(rails)、电源状态、序列等编写新的断言。这个工作对那些在不久的未来准备承担电源管理设计任务的设计师而言,也要需要投入大量的时间,进行技术移植。让我们从数量上来说明一下,即使一片由大约二百万个门组成的小型 SoC,也可能需要在各种条件下,进行 10～20 万次的正确性检查。

● 调试的心态必须有所不同。逻辑值已被破坏为 X 的寄存器可能是由电源供电错误或状态保持方案的错误所造成的。改造后的调试工具现在必须考虑新的出错机制。

因此,在本书中,我们不但寻求电源管理设计验证领域的技巧,还寻求实现双重的教育目标。倘若以传统的设计和验证过程作为思路,那么根据我们大家积累的经验,编写一份很好的说明文件,是十分重要的。除了教育方面的意义之外,为提高验证的生产率和验证的全面性,各种自动化能力也是十分必要的,这些事情也将在后面几章讨论。

本书竭力全力最想做的工作之一是推广基于 SystemVerilog 语言的电源管理验证策略,这个工作是以前不曾有人做过的。因为以前没有 SystemVerilog 那样的技术指标说明语言,可以很好地描述设计或验证环境,所以这件工作以前一直特别困难。

受约束的随机测试在非电源管理的集成电路验证方面已经成功地达到几乎 100％所需的激励向量。而测试覆盖率则与之相伴随并提供验证工作进展的量化指标。在实际中,基于电源管理事件间天然的异步性以及彼此间常见的冲突,随机方法应能相当成功地测试到以往的边角案例(corner case)。 [22]

本书提出的方法学是相当广泛的。它包含了几个不同的,但相互关联的方面和要素。通过这种方法学获得的生产力的增长来自于对该方法学理解的深度和广度。也许更根本的任务是验证工程师必须知道电源管理的失败机制,以及相应的测试计划和测试策略的体系架构。我们期待,通过许多实际设计和系统的例子能够说明这一点,并从这些特定的例子中,提炼出具有可申缩性的和可重复使用的通用方法。

2006 年出版的《SystemVerilog 验证方法学》(即 VMM) 书中有关代码重(复使)用的论述,与这本书有十分密切的联系。之所以要把 VMM 书中所阐述的概念扩展到低功耗和电源管理领域,是为了用正确的方法创建可重用的测试平台和用于验证的实用程序,去迎接一个新市场的出现。代码的重用避免了重复无效的劳动。重用并不只局限于在不同项目间重复使用代码。最低挡的重用(First‐order re‐use)是用同一个验证环境对某个项目的多个测试案例进行测试。借助于尽可能多地重复使用代码,只需要添加几行代码就可以验证设计项目的一个待测试功能。归根到底,测试案例应该成为只需要做简单配置就能高度可重用的验证组件,从而形成针对设计的验证环境或者平台。

1.5.2　采纳的方法学

编写本书的目的并不是为了颂扬 SystemVerilog 或者由这种语言所支持的任何特定商业解决方案和验证方法学法的优点。本书像其前任《SystemVerilog 验证方法学》(VMM)一样,重点是提供明确的指导方针,以帮助读者最有效地利用 System-Verilog,从而实现有生产效率的验证方法。本书并不认为书中介绍的方法学是使用 SystemVerilog 进行电源管理验证的唯一方法,而只是提出了作者自己的观点:即在任何情况下,本书所介绍的方法是目前实际工作中的最好方法。

完全没有必要一下子就采纳下面几章中所介绍方法学的全部要素。但是,我们强烈建议,首先采用教育/信息的途径,然后项目组(或者几个项目组)的成员一起来制定验证策略。显然,如果方法学的各个要素之间全都能很好地协调,那么达到最高的生产力就不存在任何问题。但是,实际项目是由具体的人,按照时间进度表执行的,可能没有足够的时间一下子学会方法学的所有要素。掌握新要素,时间是必不可少的。为了节省时间,可以先掌握方法学的个别要素,在时间许可的前提下,逐渐增加掌握的要素,逐步提高项目的效益。

几乎每个设计都必须采用的方法学要素如下:

- 使用能感知电压的布尔代数来描述逻辑行为,使用能感知电压的模型来描述混合信号元件。
- 对复位和保持必须进行极其严格的测试,尤其对(电源接通)开机复位条件更应如此。
- 使用能感知电源的断言和电源管理覆盖函数来编写验证平台代码。
- 使用随机激励信号来模拟电源管理事件的异步和并发本质。
- 用固件来验证真实 SoC 芯片的系统功能。

1.　与 VMM 的不同点

为了能够验证低功耗设计,本书不但扩展了 VMM 的介绍范围,还补充了一些新的内容。在第 7 章、附录 A 和附录 B 中,可以找到这些不同点。采取的办法是在原先的类库规范的基础上,逐步添加一些新的规范。但是,用户必须意识到,布尔分析的基础已经发生了改变,书中某些地方的修改是想对这些问题做一些解释。

早在本书的起草阶段,作者就认为,书的文稿中应该尽量避免包含大量源代码的举例,这些代码完全可以从网上直接下载。这样做大大方便了这些代码的直接重用。

实际上我们已提出了不少编写验证任务时必须遵守规则和建议,这些规则与《SystemVerilog 验证方法学》[1]中的并不相同。部分原因是,许多新的设计概念正在向设计领域的读者们推广和普及。

1.5.3 规则和指导原则

并非所有的指导原则的重要性是平等的,本书中列出的指导原则条款根据其重要性分成三大类:① 规则;② 推荐;③ 建议。属于规则类别的条款比较少,但比较重要,所以必须首先采用;属于推荐和建议类别的条款比较多一些,重要性也较差一些,可根据具体情况决定是否采用。然而,认识到本书提出的指导原则之间存在着协同作用的情况是非常重要的。即使属于推荐和建议类别的条款并不太重要,但在验证过程中,采用更多的指导原则,一般情况下会使整体效益得到较大的提升。

正如前面提到的,实际上已经提出了不少设计规则和推荐条款,编写验证任务必须遵守这些条款。

(1) 规 则

规则是为了实现该方法学而必须遵守的最重要的指导原则。该方法学的其他方面可以提升生产力,不遵守规则类别的条款将有损于这种生产力的提高。《SystemVerilog 验证方法学》的兼容性(VMM -兼容性)要求严格地遵守所有规则类别的条款。VMM -兼容性强制要求必须严格遵守所有规则类别的条款。此外,就电源管理而言,已经制定的某些规则条款是为了从本质上预防出现设计隐患或者验证过程不能发现这些隐患的现象。因此违反某些规则类别的条款,在某些情况下有可能导致功能性故障。

(2) 推 荐

推荐是应该遵守的指导原则。在许多场合,指导原则的细节并不重要,例如命名的约定,因此可以根据用户的特殊要求定制命名约定。强烈建议同一个验证小组或商业单位遵守所有推荐类别的条款,以确保该方法学实现的一致性和可移植性。

(3) 建 议

建议是可以使验证小组的工作比较容易完成的推荐类别的条款。与推荐类别的条款相似,建议条款的实施细节不太重要,可以根据用户的特殊需求定制。

本书中的这些指导原则的重点放在方法学上,而不是支持 SystemVerilog 的各种工具,也不是支持该方法学的其他方面。可能需要增添一些新的指导原则来优化使用特殊工具集合的方法学。

1.6 本书的结构

第1~4 章深入地介绍了电源管理,把重点放在设计方面,更重要的是介绍了可能的设计隐患是什么。第 2 章深入考察了多电压电源管理的基础构件。第 3 章分析了产生设计隐患的典型框图,对如何才能发现这些隐患做了初步的探索。第 4 章深入研究了系统的状态保持，提出了实现状态保持的新逻辑，以及解决验证难题的途径。

第 5~7 章的重点放在验证上。第 5 章介绍如何建立测试平台，或将一个非低功耗的测试平台转换为一个低功耗设计的测试平台。第 6 章和第 7 章的重点集中在静态和动态验证、断言和覆盖等。

几个附录中不但包含了基础类的技术说明，还对前面各章中介绍过的规则和指导原则做了全面的总结。附录中还列出静态检查，可作为参考。

虽然非常熟悉低功耗设计基础知识的读者可直接跳至第 5 章开始阅读，作者还是希望读者能依章节的顺序阅读本书。如果在验证的设计中没有采用状态保持技术，那么可以跳过第 4 章。

第**2**章
多电压电源管理基础

摘 要

CMOS 电路的电压控制可采用不同的方式。在本章中,我们将考察这种电压控制的基础。电压控制的细节将使用常见的构造块(即设计元素)和通用的设计风格来描述。在细节的描述中,将尽一切可能采用 IEEE(P)1801 标准中的术语。

2.1 设计元素

2.1.1 轨线/电源线网

与电压源输出连接的物理线网或虚拟线网可以通过开关的切换或者(逻辑)值的设置加以控制。通常这一类线网并不需要设置逻辑值。但是,我们经常可以在描述这一类线网的硬件描述语言(HDL)中,特别是在 Verilog HDL 的"wire"结构中,看到给这一类线网赋逻辑值 1 和逻辑值 0 的情况。轨线(供电通路)或电源线网是晶体管的一个控制实体,但它经常是电源管理机制中的可控制实体。

2.1.2 电压调节器

电压调节器(在以前的数字电路设计中很少使用)通常在工业生产中作为独立设备,或者作为混合信号知识产权模块组件而存在,它是一种随手可得的常用部件。

电压调节器之所以闯入数字设计之中,是因为我们需要对数字电路的功耗进行管理。电压调节器的连接线路通常包括三个部分:

① 功率输入部分:把交流电源、电池或者另外一个电压调节器的输出连接到电

压调节器的电源输入端。

②　功率输出：把"已调整的电压"从电压调节器的输出端口连接到数字电路的电源输入端口。

③　控制和指示信号：从外界输入的数字控制信号线，可对电压的输出值，或者电压调节器的启动/关闭进行设置，还有一些可指示输出是否稳定的状态/握手信号。显然，电压调节器也可能以多种更复杂的方式实现。

从电源管理的角度考虑，电压调节器应该属于控制电路。因此，电源管理状态的改变必定以某种方式影响电压的调整方式，并且等待电压调整后的响应。

2.1.3　主轨线

主轨线或驱动轨线（Primary or Driving Rails*）是逻辑单元输出（电容）的充/放电流的通道，流经的电流在输出节点上产生相应的逻辑电平。在标准电流型 CMOS 单元中，电源 V_{DD}、晶体管、地 V_{SS} 三者串联，组成功能性轨线，晶体管的开/关可以控制充/放电路的通/断。如图 2 - 1 所示，当电路输出节点需要保持高电平输出时，电源 V_{DD} 通过导通的晶体管（PMOS）对输出节点（电容）进行充电，从而产生逻辑 1 电平。同样，当

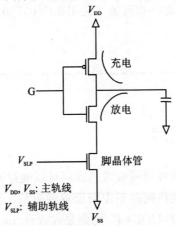

V_{DD}, V_{SS}: 主轨线

V_{SLP}: 辅助轨线

图 2 - 1　轨　线

电路输出节点需要保持低电平输出时，如图 2 - 1 所示，地 V_{SS} 通过导通的晶体管（NMOS）构成放电轨线，实现从输出节点（电容）到地（V_{SS}）的放电，从而产生逻辑 0 电平。

2.1.4　辅助轨线

辅助轨线用来控制逻辑单元电路的行为，它并不主动地为单元电路的输出提供

---

　　* 为了与英文 rail 对应，下文中的 rail 全部翻译为：轨线。——译者注

充/放电流的通道。在图 2-1 中,电荷泵的输出,V_{slp} 被连接到标记为 Footer 的晶体管的栅极。V_{slp} 值的变化影响轨线的充电/放电能力,但是 V_{slp} 本身并不是充/放电路径的一部分。请注意,CMOS 单元的栅极(图 2-1 中的节点 G)连接电路也是辅助轨线,因为这个连接只影响逻辑单元的行为,并没有与充/放电路径发生连接关系。某一个单元的辅助轨线,有可能是另外一个单元的主轨线,反之亦然。在 CMOS 逻辑单元的范畴内,这两种轨线的相互作用,决定了该单元的本质。

29

2.1.5 V_{DD} 和 V_{SS}

V_{DD} 和 V_{SS} 分别是已有的非多(即单)电压 CMOS 单元的电源轨线和地轨线。再次提醒读者注意:逻辑 1 是充电电压升高到达 V_{DD} 的电平,逻辑 0 是放电电压降低达到 V_{SS} 的电平。虽然不太明显,但同样重要的是以下的事实:作用于 CMOS 逻辑单元,由辅助轨线产生的影响,只能通过调节 V_{DD} 电平值和 V_{SS} 电平值来体现。这个属性对于电源管理是至关重要的。另外,必须注意在大多数情况下,V_{DD}/V_{SS} 是用于数字逻辑的 CMOS 单元的唯一驱动源。

2.1.6 头单元和脚单元

高阈值电压(V_t)晶体管被用来"开关"或者"门控"主轨线和实现逻辑的 PMOS/NMOS 晶体管之间的连接,如图 2-2 所示(这导致了电源门控这个术语,将在后面

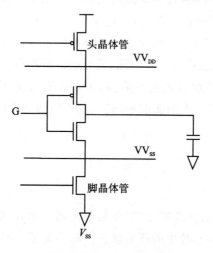

图 2-2 头/脚晶体管

讨论该术语)。这两个高阈值的晶体管分别被称做"头(header)晶体管"和"脚(footer)晶体管",前者被插在充电路径 V_{DD} 和 PMOS 晶体管之间,后者被插在放电路径的 V_{SS} 和 NMOS 晶体管之间。除了某些特殊情况外,头(header)晶体管是一个 PMOS

30

类型的晶体管,脚(footer)晶体管是一个 NMOS 类型的晶体管。

从理论上,只用一个理想的头晶体管或者脚晶体管就足以对付流过主轨线的任何逻辑电流。然而,在实际工作中,我们通常使用在状态机的控制下,按时钟节拍开关的若干个并联晶体管(请查阅:验证目标!)。围绕着头晶体管或者脚晶体管的使用,还存在着许多实际问题有待解决,其中大部分问题与电路元件的布局有关。《低功耗方法学手册》[2] 这本书中提供了有关这方面的许多知识。然而在这里,我们应注意的一个重要问题是:若在头晶体管(或脚晶体管)的栅极上存在着相对于 V_{DD}(/V_{SS})电平的电压差,则逻辑元素就直接连接到 V_{DD}(/V_{SS})上,反之与 V_{DD}(/V_{SS})断开。在与电源/地断开的情况下,相当于这些逻辑器件被关闭。在本章的后面,在电源门控一节中,我们将讨论有关头晶体管和脚晶体管应用方面的验证问题。

此外,我们可以在头晶体管/脚晶体管栅极究竟是与充/放电轨线连接,还是与逻辑信号连接之间做选择。用户在设计流程中的不同选择将决定这几个门是如何开关的。头晶体管/脚晶体管的响应总是相对于电压电平的,因此必须被认为是混合信号的行为(模拟信号,不是简单的逻辑电平)。请注意,头晶体管/脚晶体管单元本身只是带有接通/断开简单功能的电压调节器。

2.1.7　虚拟的 V_{DD} /V_{SS}(源电压/地电压)

若逻辑单元中,使用了头/脚(header/footer)晶体管网络,则该头/脚单元的"输出"是使逻辑单元产生实际有效逻辑输出电平的电流供应者。只要逻辑门充分地连通,有效逻辑输出电平将跟随电源电压/地电压(V_{DD}/V_{SS})的电平;否则,该电平将是浮动的。这个节点被称为虚拟的源电压/地电压(V_{DD}/V_{SS}),如图 2-2 中的 VV_{DD} 和 VV_{SS} 所示。虚拟轨线也被称为开关轨线(或开关的源和地)。

在实际设计中,大多数只使用头或脚(header/footer)晶体管,并不同时使用两者。因此,通常只需要找到虚拟源电平(V_{DD})或虚拟地电平(V_{SS})即可,而不必同时找到两个电平。

2.1.8　保持单元

当易失性存储器或时序逻辑元件(诸如触发器和锁存器,寄存器文件等)的电源线被切断后,储存在这些元件中的所有状态位都丢失了。当恢复供电时,电路中所有的时序逻辑元件的状态将被复位。恢复曾保留在这些记忆元件中的任何程序或继续执行被中断的软件是不可能实现的。在许多情况下,我们并不希望电路结构中存在着这样的缺陷:保持(retention)是一种用来恢复时序元件所保存内容的现象。通常,保持是通过在叶执行层次上(at leaf level of implement)提供必要的电路,例如寄存器和锁存器元件,来实现的。从理论上说,添加一个电源没被切断的锁存器就可以使已保存的状态不至于丢失。通常,给锁存器(恰当的名称应该是"影子元件")供电的电源是由辅助轨线(secondary rail)提供的。当主轨线被切断时,辅助轨线仍与电源连接,可继续提供电力。

有许多种方法可以实现状态保持,因此,在 IC 设计流程的许多步骤中,可以隐含地自动添加状态保持电路,实现状态的保持。这个专题足以用一整章来加以描述。在第 4 章"状态保持"中,我们将深入地研究状态保持的原理和操作。

32

保持单元有两条轨线,分别为主轨线和保持轨线,如图 2-3 所示。

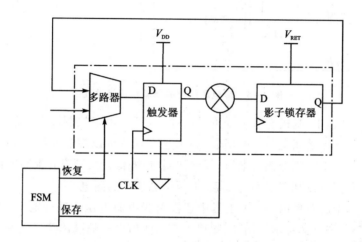

图 2-3 带双电源轨线的保持单元

图 2-4 所示的是只使用一个电源电压 V_{DD} 来实现主轨线和影子轨线的供电,该电路可以切断主轨线的电源通路,但仍保持影子轨线的供电,以节省电力的消耗,并且实现状态保持的目的。在这个方案中,只有主存储元件轨线的电源可在门的控制下被切断,而影子元件轨线依旧维持供电。请注意,这只是实现状态保持的原理性图解。在实际工作中,状态保持可以采用多种方案实现,这些方案是根据所用的实际电路产生的。

请注意,保持轨线只对单元内部的节点进行充放电,而不对单元的最终输出充放电,因此不被视为电源域的驱动轨线。

33

2.1.9 基 极

MOS 晶体管与衬底(或阱)的连接是晶体管的第四极,该极通常被称为基极(Bulk/Body Terminal)。在许多由标准单元制造的晶体管中,这个极并不是控制极;它只是在晶体管内部把 PMOS 连接至电源 V_{DD},把 NMOS 连接到地 V_{SS} 的一个极。

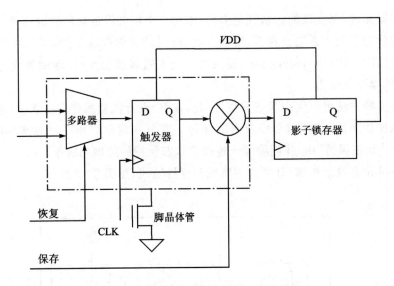

图 2-4　带电源门控的单轨线保持单元

然而,在电源管理中,基极有着十分重要的作用,可以用来控制漏电。晶体管的阈值电压是源极和基极之间电位差的函数,利用这个现象可以控制晶体管的漏电。提高晶体管的开关频率并降低阈值电压,会增加漏电;降低开关频率并提高阈值电压可以减少漏电。我们可以利用后面的现象,来减少晶体管的漏电。

在编写本书的草稿时,EDA 工具中还没有为电源电压或基极电压(也称为阱电压)的建模建立统一的标准。因此,想要为不同阈值电压的晶体管建立安全的时序模型是非常困难的。因此,这一技术主要被用于实现低漏电的待机状态。

2.1.10　岛

岛(Island)是指一组逻辑元素。诸如,由公共轨线(译者注:这里尤指由同一个电源轨线)连接的分层模块、许多个叶单元,或一组 HDL/ESL(硬件描述语言/电子系统级语言)语句,这些元素全都由一个电信号统一进行控制。可能与岛发生连接关系的典型电路是:电源/地线电路(V_{DD}/V_{SS})、保持电路、休眠电路、头/脚晶体管电路和基极连接电路。岛是指:由电气上完全一致的一组设计元素构成的电源管理控制"单元",岛的这一定义是面向验证的。一个岛,在物理上可以跨域多个逻辑层次的组件和(或)多个物理域。

作者注:本书的许多审阅者指出,书中岛和"域"(2.1.12 小节)这两个概念混淆不清。这两个概念出现了可交替使用的情况,这确实十分令人遗憾,但必须指出,混淆主要出现在不由电源电压(V_{DD})控制的集成电路上,在区别驱动电压源方面,岛和"域"各有各的用处。

2.1.11　阱

阱是指衬底/基底连接在一起的一组(半导体晶体管)单元。若在 CMOS 中存在两个衬底(基底)的连接,则无论对 PMOS 和 NMOS 连接而言,这两个衬底(基底)必须是相同的。阱是指根据衬底(基底)连接分组的单元。在整个物理设计流程中,阱的分组是隐含的不需要做特别说明。

严格地说,某些数量很大的零散基底连接并不属于同一个"阱",它们只是衬底连接而已,但这样考虑是有用的,因为 EDA 流程工具可以对数量很大具有相同零散基底连接的所有元素进行某一特定类别的控制。

2.1.12　域

域是驱动源排出电流的管道。

域是最常被滥用的术语,经常与岛这个术语混淆;域指明了哪些主轨线正在驱动信号。这也许是来自于电力观点所有定义中的一条最重要的定义。请注意,某信号的域,确定了该信号被关断的条件,或者当该信号被另一个域接收时,是否有必要调整该信号对接收器的电平。

电源域是一条被越来越普遍使用的术语:这一点或多或少类似于前面定义的岛。事实上,只有当某个岛的电源电流处在被头晶体管或脚晶体管控制的情况下(从而创造了一个岛!),我们才经常使用岛这个词。

大多数用户将注意到,多个岛可能使用相同的驱动轨线,因此这些岛属于同一个域。举例说明如下:这几个岛之间的差别可能只是它们究竟把哪一个保持电源当作辅助轨线。同样,多个独立的域可能有几个共同的基底连接,因此属于同一个阱,但从电力供应上分析,仍被认为分属于不同的岛。从这个意义上讲,岛的定义是最精细的,因为只要可控的轨线(译者注:包括辅助轨线)有所不同,就算作一个独立的岛。

2.1.13　总有电源供电的区

在物理电路的实现中,信号需要穿越几段长路径才能到达目的地,因此对信号的暂存(缓冲)是必要的。即使从概念上,这也有助于我们想到利用不受电源管理影响的通用占位域(general placeholder domain)来暂存逻辑比特。这个通用占位域是指电力供应永远不能被切断的区。通常,这部分逻辑也被称作电池域逻辑,即使芯片其余部分的电力供应都被切断,仍必须保证该区域的电力供应。

对电力供应永远不能被切断区域进行验证,以及实现这部分逻辑电路,需要对 EDA 工具进行不同的设置。对验证而言,必须在 EDA 工具中设置这些附加的正确性检查和角落案例的检查,如电池耗尽的情况。对电路的实现而言,必须在 EDA 工具中设置足够用的芯片面积,以便于约束条件的实现。

对验证工程师而言,最好有保留地接受电力供应永远不能被切断的概念。在现实生活中,也许并不存在电力供应永远不被切断的区域。外部电源也许会被突然切断,电池也许会完全耗尽。角落案例中潜伏着许多漏洞,有可能阻止系统的激活/苏醒。

2.1.14 立体交叉

所谓"立体交叉"(spatial crossing,crossover)信号是指源于某个岛(而不是域),而其目的地(或多个目的地)却位于其他岛的信号。请注意,这是起源地在某个岛上的一个信号和多个目的地配对的问题。若某个信号在多个不同的岛有电信号扇出,则这些岛上的每个接收器的行为会有所不同,或者每个接收器对信号的响应也可能有所不同。只要在一个岛上,不论采用何种逻辑和物理层次结构,来自于同一个信号源的所有的目的地的信号均可被认为是同一个立体交叉。

2.1.15 时 变

时变(Temporal Variation)是指电源轨线(rail)随时间的改变。岛的电源轨线,随着时间不断地发生着改变,使得岛和芯片呈现不同的电气条件或"状态"。对于电源门控而言,岛的时变也可以通过改变电源门控的控制位来实现。

2.1.16 多电压状态或电源状态

多电压状态或电源状态是指在任意给定的时间点,系统所呈现的全部轨线值(all rail values)的集合,这是某一时刻点上该芯片中随空间和时间而变化的轨线值的完整描述(complete picture)。在任一时刻,系统的状态当然是基于其所有岛的状态的,反之,对每个岛而言,在任一时刻,其状态又是其轨线(rail)值的函数。由于轨线随时间的变化是由控制机制实现的,所以岛的状态也随之改变。例如,我们曾在本节的前面描述过,如何通过激活这些单元的控制门,从而切断岛的供电。

通常,一个岛不是处于关断状态,就是其轨线,特别是主轨线,被连通到一个特定的电压。

2.1.17 保护电路

保护电路是用于立体交叉电路单元,对接收信号的岛实施电气保护,或在接收信号的岛上维护(发送的)信号值。

2.1.18　隔　离

隔离(isolation)是一种保护正在接收信号岛的技术。隔离由电源被切断的岛所发出的信号启动(active)。岛的电源从接通到切断或者反之,表明该岛的隔离是一个门控单元,其门控信号与(发出隔离信号的)源岛的当前状态有关。这听起来似乎很简单,但隔离却是一种常见的功能性错误的来源,换言之,验证工作的一个重要目标将是隔离。

就逻辑门而言,通常选用与门/与非门/或门/或非门这几种类型的逻辑门来做隔离门。锁存器,除了需要增加如面积/延迟等额外开销外,也可以用来做隔离门,但用锁存器做隔离门的验证将面临更多的挑战,比较麻烦一些。隔离门的验证需要完成一系列的"正确性"验证:从隔离门的空间位置安排到隔离控制的时间间隔分配等。

下面的例子(图 2-5)用图说明如何把门用作域 V_3 和域 V_4 之间的隔离控制。

37

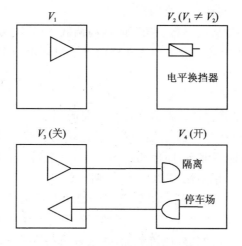

图 2-5　隔离和电平移动

2.1.19　输入隔离(停车场)

输入隔离是捕获岛上输入信号切换的一种技术。若该岛正在进入关机状态或如下一节所描述的其他"待机"架构时,则这一技术特别有用。输入可以被隔离为逻辑 0 或逻辑 1。若想对关机的岛群进行输入隔离,则隔离装置一定不能位于已关机的岛上,而必须位于某个仍然开机的岛上,因此为了避免无意中通过晶体管通路(被称为"偷渡路径")连接到地线,只能把逻辑设置为 0,才能实现这种情况。输入隔离并不总是必要的。通常在第一级有 CMOS 门控制(而不是晶体管通路)就足够了。对降低功率消耗而言,输入隔离确实是十分必要的,特别是在已关机域中存在着大量需要驱动的容性负载,如时钟/复位等信号时,更是如此。在设计待机架构场合,输入隔离往往也是必不可少的。

如图 2-5 所示的例子,用图解说明了域 V_4 和域 V_3 之间用门逻辑作为停车场。

2.1.20 电平的换挡调节

电平换挡调节(level shifting)是指一种电平换挡调节技术,该技术可以把立体交叉信号的驱动源从一组主轨线(primary rails)(逻辑 0 和逻辑 1)调节到另一组主轨线,尽管"自动电平换挡调节器"也很常见,但更常见的普通电平换挡调节器,只能进行电压的单向换挡调节,即把电压从高调低一挡,或把电压从低调高一挡;而自动电平换挡调节器可以进行双向调节,既能把电压从高调低一挡,又能把电压从低调高一挡。如图 2-5 所示的例子,用图解说明了把门逻辑用作域 V_1 和域 V_2 之间的电平换挡调节器的情况。

电平换挡调节器中的一个重要类别是带使能的电平换挡调节器",该电平换挡调节器是隔离装置和电平转换相结合的产物。

读者也许不能理解"从低调高一挡"和"从高调低一挡"这两句话背后的含义。其实这两句话背后隐藏的含义是指驱动器和接收器的电源电压 V_{DD} 的电平。再解释一下,读者也许就能理解:目前制造的集成电路绝大多数都有一个共同地,即有一个共同的 V_{SS} 电平。因此,除了某些特殊情况外,一般情况下,是不需要调整逻辑 0 的电平的。

为什么必须把电平换挡调节器放在那么重要的地位?因为逻辑 1 表示驱动器已经充电至 V_{DD} 电平。而在信号接收器一端,发送端的逻辑 1 电平与接收器的逻辑 1 电平 V_{DD} 相比较很可能不够高,即使相差不大,两个逻辑 1 之间的电位差也有可能造成过多的电流消耗。(请回忆 CMOS 的传递曲线?)

在许多工程师头脑中的其他常见问题之一是为什么必须把电压从高调低一挡呢?驱动源的电压 V_{DD},用来表示逻辑 1,当然应该已经足够了。回答是,对接收门的过度驱动可能导致相当大的额外电流消耗,在某些极端情况下,甚至导致驱动器的逻辑 0 在接收端被错误地当作逻辑 1。有时,接收域的晶体晶体管达不到更高的额定电压,则必须把电压从高调低一挡,否则接收门晶体管氧化层有遭受破坏的风险。随着半导体制造技术转移到几何尺寸更精细的工艺,由门的漏电所产生的影响越来越严重。因此,不把电压从高调低一挡所付出的代价随着几何尺寸的更精细化而越发突出。

2.1.21 电源状态表

电源状态表是"电压模式"的列表清单。每个条目列出了可用于该芯片的若干个电压的组合。请注意,电源状态表与状态寄存器不同,通常并没有物理实体可与电源状态表对应;表的每个条目都是实际数字。

电源状态表可用于自动隔离/电平换挡调节的需求。例如,如果有一个立体交叉从一个电源已被切断的岛,连接到有电源电压(电压组合为状态表中的一个条目)的另一个岛,可以推断,必须要有隔离装置,而且必须启动相应的状态。同样,若某个立体交叉在信号源和接收器之间存在电压差,则该立体交叉可能需要电平换挡调节器。

电源状态表的最基本的状态之一是"全部关闭"。在设计中,若缺少了"全部关闭"状态,则在执行电源接通和切断操作序列时会出现丢失状态的风险,从而有可能出现不能推断是否进行了隔离/电平换挡操作。

39

2.1.22　状态的转移

电源状态的改变意味着即将发生对应于状态改变的电压转移。这些电压转移的发生,可能是因为逻辑事件或者是因为电压事件而引发的,也可能是因为两者兼而有之的事件而引发的。例如,中断的到达(逻辑事件)可能会导致电源供应装置把某岛进入待机或关机状态(电压事件)。另一方面,当检测到电压达到某确定电平时,设备便有可能触发复位事件或者锁相环(PLL)事件。

电源状态的转移不能随意发生。岛群必须严格地按照电源的接通和切断命令行事,以保证任何时候电源供应装置都是安全的,并且不能违反芯片内电源供应装置的电气完整性。这些制约因素之一是,由电平换挡调节器管理的电压关系是不可以逆转的。另一个例子是多轨线状态之间的改变有可能引起供电电压/电流(信号)完整性故障。这被用来作为度量电源状态表的"安全"性能。

规则 2.1

安全图规则:电源状态表中的每个状态必须有换挡的可能,至少可以转换到一个只有一挡电压级差的其他状态。

整个系统电源状态的管理方案必须详细地研究,每一次只能让一个电压轨线(voltage rail)发生改变。违反此规则的设计,必须用噪声分析工具,再次对供电轨线进行验证。

2.1.23　状态序列

在隔离状态下,几乎不可能进行状态转移。实际系统执行命令或事件(或缺乏),从而使系统从一种"模式"转移到另一种"模式"。虽然每种模式本身能够表示某个电源状态,但是某一模式或转移到某一模式往往涉及多个中间步骤,其中既有逻辑事件,也有电压事件。序列把逻辑和电压状态/事件结合成一个整体,这个整体可以是很长的软件/硬件驱动协议。

40

2.1.24　PMU (电源管理单元)

电源管理单元(PMU)或称电源控制器是使电压随时改变,以节省电力的功能模块。它的功能是检测系统或者集成电路的状态,从而确保电源控制器使系统进入合适的节能状态。电源管理单元不仅仅控制电压,它们还要确保时钟、复位、保持控制等信号协调地工作。电源管理单元还要监测各种模块,施加适当的控制。它们往往是基于控制和观察的硬件和软件的结合体。

2.2　多电压低功耗设计风格

在上一节中,描述了多电压节能控制的基本要素。这些基本要素的灵活应用,以及电源管理单元适当地参与节能控制,就有可能构成许多种不同风格的低功耗设计。为了再次强调曾在第 1 章中已讨论过的内容,下面列出了两种基本的体系架构:

① 若模块暂不使用,则将其关闭或使其进入"待机"的低功耗状态。

② 若模块必须工作,则尽可能地降低其有效运行电压。

2.2.1　关　机

关机是指连到某个域或某个岛的电源电压 V_{DD} 被切断的状态,但电源电压 V_{DD} 不一定非达到 0 V 才行。电压调节器通常不在芯片上,但越来越多的芯片在管芯内已装有电压调节器或者电源开关。(电源门控将在本章的下面讨论。)虽然在日常使用中,关机目前已经成为电源门控的同义词。不仅可以通过关闭电源开关来实现关机,也可以直接控制电压源来实现关机。

关机所起的主要作用是减少漏电。正如我们以前曾讨论过的那样,某个电路块的关机意味着所有的电路状态都丢失了,因此需要复位或唤醒机制来恢复原来的电路状态。此外,某个域的关机也意味着必须提前若干个时钟,发出隔离控制信号,延迟几个时钟后才关闭电源。

2.2.2　待　机

待机通常是指一种可以快速唤醒的低功耗状态。状态被保持在记忆元素中是至关重要的。系统处在待机状态时,通常时钟信号已被门控电路切断,但锁相环(PLL)仍继续工作,并没有被禁止。然而,待机状态可以有多个等级,随着时间的推移,关闭更多的电路。待机的整体方案是一个涉及逐步关闭或者开启时钟、PLL 和电压的过程。在本文中,将把重点放在电压控制中的待机状态。有许多种技术可以用于待机。

1. 时钟门控的待机状态

时钟门控待机是一个不对电源电压 V_{DD} 进行控制的模式。在本模式中,时钟网络受到门逻辑的控制,这一点就可以节省大量的动态功耗。电路系统中的锁相环(PLL)可能是启动的或者关闭的,这取决于预期的恢复时间。虽然本模式不对电源电压 V_{DD} 进行控制,但本模式可为电源电压 V_{DD} 控制做准备工作。

时钟门控可以与两个电压控制技术相结合达到减少漏电的目的。这两个技术分别是低电源电压 V_{DD} 待机技术和背偏压(back bias)技术,说明如下。

2. 背偏压

背偏压也称为反向偏压,如图 2-6 所示,可以提高岛的阈值电压,因而减少漏电。寄存器中的状态没有丢失。操作的有效频率降低了,该技术通常用于待机模式。这一技术对带有大型 RAM 存储器和寄存器文件的块特别有效。请注意,在背偏压技术的电路布局时,需要一个独立的基底接线网格。

42

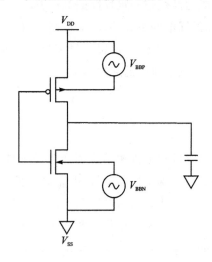

图 2-6　背偏压

3. 低电源电压 V_{DD} 的待机

低 V_{DD} 电压待机状态是指把电源电压 V_{DD} 降低到只要能维持存储器的内容不至于丢失的程度。不可避免的是,在这种情况下,时钟必须由门控逻辑切断,因为通常在如此低的电平下,没有足够的驱动能力进行写操作。请注意,在低 V_{DD} 电压待机状态下的电路块输出需要电平换挡调节,而在背偏压的场合,并不需要输出电平的换挡调节。然而,采用低 V_{DD} 电压待机的电路在布局时,不需要一个独立的基底接线网格。

4. 输出的暂存(Parking)

采用低 V_{DD} 电压待机的电路,通常需要使用输出暂存(Parking)电路。这样在具有共同地线的系统中,在信号的终端(目的地)可以不用使用电平换挡调节器;此时,输出暂存的(Parking)是逻辑 0 。这是在采用低 V_{DD} 电压待机的电路块的输出路径中,通过插入与门/或非门实现的。

2.2.3　休眠/电源门控

休眠/电源门控(Sleep/Power Gating)是关机的一种方式,越来越多地被称为关断电源(Power Shut Off)或 MTCMOS。把头/脚(Header/Footer)晶体管串联在逻辑电路块的供电回路中。在头/脚晶体管的栅-源极间电压 V_{gs} 为零或为负的情况下,逻辑单元的供电回路与电源电压 V_{DD} 和地线电压 V_{ss} 的连接被切断。管芯上的若干个逻辑单元、成行的逻辑单元、甚至整个区域的逻辑单元可以共享该头/脚晶体管。在这种场合,通常需要将多个头/脚晶体管并联起来,以确保逻辑单元能够得到足够强度的电流供应,并且有能力经受住一定程度的电流波动。

虽然电荷泵能提供降低漏电的更好手段,但控制头/脚晶体管导通或者关闭的最常用方法还是使用逻辑信号。因为使用逻辑信号来进行控制,可以免去在管芯中设置电荷泵以及布置一条独立供电轨线的麻烦。

2.2.4　保　持

保持(Retention)是由待机和关机相结合而产生的一种变种状态,在保持状态,电路块的电源供应已被切断,实现了低漏电,但电路块的状态并没有丢失。有许多种方法可以实现这一目标,这些方法包括从使用基于软件的方案,直到利用库中的叶单元来保存状态。然而,每个方案的基本点都是利用关机前的状态保存操作和电路唤醒后的状态恢复,这两者都需要设计者精心地安排控制序列。论文《针对状态保持的设计:策略与案例研究》*[5]是有关这一议题的极好参考资料。

2.2.5　动态电压调节

动态电压调节 (Dynamic Voltage Scaling,DVS)技术是指这样一种技术,它可以使某个岛的轨线,特别是电源电压 V_{DD} 轨线,产生多种变化,以实现多种电源/能源目标。严格地说,这种技术应该被称为动态电压频率调节(DVFS),因为频率通常随着电压的改变而得到调整。

---

*　《Design for Retention：Strategies and Case Studies(针对状态保持的设计:策略与案例研究)》这篇论文的合作作者,也是本书的作者之一,大卫弗林(David Flynn)

2.2.6　离散/连续的动态电压调节

① 某岛的若干个单元没有业务需要运行,换言之,在 DVS(动态电压调整)操作点的电压换挡期间,这些单元的时钟信号被门控逻辑切断,这种机制被称做离散的动态电压调节。

② 若这些单元继续运行,则该机制被称为连续的动态电压调节。

请注意:DVS(动态电压调整)不必是纯的电源电压 V_{DD} 的换挡调节。诸如背偏压或正向偏压等技术也可以被用来实现不同的频率。

44

2.2.7　离散与连续电压调节的比较

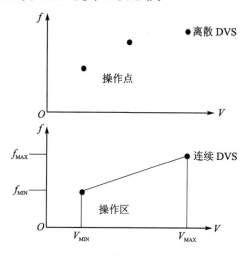

图 2-7　电压调节——离散与连续的比较

2.3　结　论

由于设计风格的选择可以是多种多样的,那什么才是决定体系架构的要点呢?回答这个问题是相当棘手的,尤其当系统芯片的大部分操作是由软件完成时更是如此。一般情况下,有几条适用的原则,简单说明如下:

① 减少漏电,主要依靠关机或进入待机状态实现。在 5～10 年前,通常选择使用外部的电压调节器实施关机或进入低 V_{DD} 电压待机状态。然而,电源门控和电路状态保持是目前最常用的技术(由于各种原因,超出了这本书的范围)。

② 与动态功耗关系密切的多媒体应用仍然严重地依赖于时钟门控,并越来越多

地应用动态电压频率调节(DVFS)技术。

③ 尽管背偏压技术在某些随机逻辑领域的使用也日益普及,大的存储器和寄存器文件往往选择使用背偏压技术来减少漏电。

总而言之,在空间域内和时间域内或两者兼有的域内,对电源电压进行适当的管理、控制和调节可以节省能源。根据这个原理可以开发出许多种可以帮助用户进行有效电源管理的新技术。然而,伴随着新技术的采用和实施,出现了如何才能保证功能正确性的新挑战。下一章说明了可能会出问题的一些事情,从非常简单的到极其复杂的事情都有。

第 **3** 章
电源管理隐患

摘 要

本章用例子对电源管理隐患产生的各种原因及后果进行了研究。并对电源管理的各种隐患进行了高层次的分类。借助于隐患举例,讨论了为防止隐患而专门制订的规则和推荐。

3.1 前 言

本章描述了在不同的电源管理方案中,由采用多电压设计所引起的各种类型的隐患。这绝不是意味着本章可提供所有隐患的完整列表。我们的目的是揭示错误的不同来源,提醒用户这些错误必须用能感知电压的检测策略才行,并指导用户制订测试计划。同时,本章也试图提醒用户,除了检测方案外,清除这些造成系统故障的条件,还涉及思维方式的转变,即从简单的布尔逻辑思考方式转换到能感知电压的布尔逻辑思考方式。

从广义上讲,电源管理中发现的隐患按原因可以分为以下三大类:

- 电路结构错误。
- 控制序列错误。
- 体系架构错误。

然而,从产生的后果看,电源管理隐患有其各自的独特性,即并非所有的隐患都表现为芯片/系统上可观测到的"1/0"逻辑功能错误。电源管理隐患按后果可以分为以下五大类:

- 可观测到的功能性错误。
- 内部逻辑破坏。
- 潜在的器件故障。

● 电流消耗过大。

● 体系架构不合理：不能满足系统要求，如超出功率预算。

举例说明：若芯片能够按设计功能运行，而功耗却超出了说明书的规定值，这可能是由于电源管理结构自身不合理而造成的。然而，这一类型的设计隐患往往不能依赖传统的硅片调试和典型的测试方法发现。若想要发现这一类型的设计隐患，则必须确定系统的整合层次，并施加相应的激励信号进行调试。本章通过举例，对电源管理隐患的产生原因及其影响进行了研究。

3.2 结构性错误

上述 5 类错误都是由设计结构造成的。倘若已有可对照检查的规范细则，那么通过纯粹的静态分析方法就可以检测出绝大部分结构性错误。总而言之，改变设计结构可以纠正结构性错误。虽然对规范细则的强调似乎显得过于罗嗦，但必须记住，当这本书刚开始编辑时，功耗意图说明语言尚处于讨论和标准化的初级阶段。结构性错误不仅仅只发生在 RTL 级或网表级。它们可能发生在设计的任何阶段。然而，最终导致的结果往往是相同的。结构性错误会造成不良的电气连接，最终导致功能性故障、器件失效或功耗过大。

RTL 结构性错误通常源自于代码编写过程中没有考虑到多电压供电，或者知识产权（IP）模块集成到系统时的疏忽。根据我们的经验，在 RTL 和 SoC 集成阶段，电源管理方案的规范制定得不恰当，也会造成错误。

造成 RTL 代码结构性错误的另一常见原因是方法学，即在采用的方法学中，保护电路被部分或完全地插入到 RTL 代码中，特别当保护电路被集成到芯片的 IP 内部或者 IP 周边时，更是如此。在这个阶段，设计师就可以直接利用连接到隔离装置的控制信号，这给动态验证带来了好处。在 RTL 阶段就可以验证控制序列，而不必非等到网表阶段才验证控制序列。之所以会发生许多结构性错误，是因为违反了下面所列出的基本规则：

规则 3.1a

立体交叉电路在任何时候都必须受到相应保护电路的保护。

规则 3.1b

若存在使能信号，则必须保证在任何时候都能恰当地启动或禁止保护电路的功能。

在当前的做法中，有各种不同类型的保护电路。在第 2 章中，我们专门定义了两个基本单元：隔离元件和电平换挡元件。以下面各小节中将深入探讨由于违反规则 3.1 而造成的问题。

3.2.1　隔离及其相关的错误

电源门控和切断外部供电(V_{DD})是当今最常用的低功耗技术。由于隔离元件的普遍使用,因此在设计中发现许多有关隔离元件的错误,也不足为怪。本小节中将举几个这样的例子。

1. 遗漏隔离元件

下面是关于规则 3.1a 的一个简单例子。如图 3-1 所示的电源(开/关)域,一旦进入切断状态,从切断供电域的信号源输出到任何开机和待机状态区域内的扇出信号线之间,必须插入隔离元件。若没有隔离元件,则浮动线网电平将直接馈入开机域的 CMOS 栅极或者源极和漏极,这会产生以下效应:在供电域后续几级中引起逻辑混乱,过高的能耗,并在极端的情况会造成器件自身的损坏。隔离元件或电平转换元件的遗漏是低功耗设计中经常遇到的一种最普通的错误。幸运的是,只需要进行结构性检查,通常就能发现设计中存在隔离元件或电平转换元件的遗漏问题。若设计团队能够用电源管理描述语句,把原先在 RTL 级设计中用人工插入隔离元件或电平转换元件的方法,转变到在网表级设计中由 EDA 工具自动插入,则避免这个错误将会变得非常容易。

50

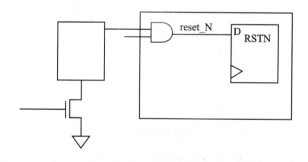

reset_N

图 3-1　隔离元件的遗漏

2. 隔离极性的不正确

在默认情况下,大多数信号都被隔离成为逻辑 0(无效)。然而,若被隔离的信号是一个低电平有效信号,则隔离极性必须是逻辑 1(无效)。如图 3-2 所示,把命名为 reset_N 的低电平有效信号隔离成为逻辑 0 是不正确的,因为在隔离期间,复位信号继续有效。同样,许多协议,如 PCI 和 USB 接口,都是用低电平有效信号来请求总线访问的。把这些信号隔离成为逻辑 0,会造成虚假的请求允许信号,使总线的性能变坏,从而经常发生死锁。

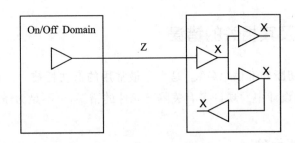

图 3-2　隔离——极性错误

3. 隔离使能信号的极性不正确

在图 3-3 所示的场合中,隔离使能信号的极性是不正确的。这可能是由不正确的电源管理单元(PMU)连接,或是由 RTL/网表转换成电路时的错误所致。其结果就是当需要隔离元件时,隔离元件根本没有起到任何隔离作用,实际上却起了相反的作用。在不需要隔离时,反倒启动隔离,而确实需要隔离时,又不能起隔离作用。

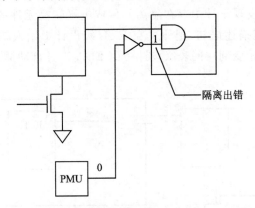

图 3-3　隔离使能——错误的极性

请注意,这也可能是由控制错误造成的。在本章的后部,将看到这类错误的另一种情况。

4. 隔离门的类型不正确

考虑图 3-4 所示的场合。在这种场合,电路中存在隔离元件,由电源管理单元对隔离元件进行适当的控制。然而,所插入的隔离门是或门,而不是与门。因此,这个或门不能够按照预期的动作响应隔离使能信号。这个错误通常是由于在 RTL 代码中用人工方法插入隔离门所造成的。然而,随着自动化工具的出现,这个错误经常转变为隔离的极性错误或者使能信号的极性不正确。

5. 隔离的冗余

由隔离引起的问题经常是由于在不必使用隔离元件的地方用了隔离元件而造成

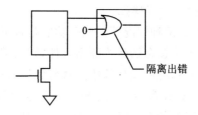

图 3－4　隔离门的类型不正确

的。这种隔离完全是多余的,对电路的正常运行极其有害的。有各种形式的冗余隔离:下面描述了两个很可能出问题的隔离。

如图 3－5 所示,考虑跨越域 1 和域 2 之间的信号 A,这个信号的传送原来并不需要隔离元件,插入隔离元件会造成面积浪费和延误时序。更糟的是,若切断区域 3 的供电,且信号 A 不必与隔离值(逻辑 0)绑定,因此在域 3 切断供电期间,信号 A 是"冻结"的。在此期间信号 A 是不能变化的。冗余隔离元件由于不适当地"杀死"了,或强制"冻结"了不该冻结的逻辑信号,从而造成非常严重的功能性错误。这个错误可以用静态方法找到。请注意,在这种场合,只有信号 A 上的隔离元件是冗余的。这种错误的另一种情况可能由控制错误引起,我们将在控制/序列错误一节阐述这一问题,在这种情况下,信号 B 上原来必须的隔离门所起的作用将是多余的。

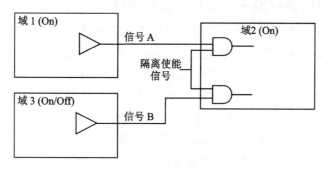

图 3－5　多余的隔离

6. 锁存器的门控:未定义的最后已知好状态

在前面的讨论中,我们间接提到的隔离元件都是指逻辑原语,即诸如与门/或门,以及与非门/或非门这两种基本逻辑元件。尽管锁存器占用的芯片面积比与门/或门大了不少,然而,采用锁存器作隔离元件,即使不能算是很普遍,仍可以说是相当常见的。基于锁存器的隔离元件给电路的立体交叉(spatial crossing)增加了一条新途径。用门控电路可以给隔离信号一个固定的逻辑值,而锁存器元件还能保存电源切断前的瞬间被隔离信号线上的最后已知好状态(LKGS)。读者也许能理解采用锁存器作隔离元件所带来的麻烦,由锁存器作隔离的信号线上并没有固定的"隔离值"(即 1/0)输出:当岛的电源被切断时,从该岛发出的信号,在目的地看到的作为隔离信号的输出值可以为逻辑 0,也可以为逻辑 1。

53

因此必须分别验证(1/0)两种情况下的电路功能是否正确,从而加重了验证工程师的负担。若在电路中用多个锁存器作为隔离元件,则测试工作将迅速地复杂化;因此,除非必需用锁存器作隔离元件,设计师应尽量避免使用锁存器做隔离元件。

LKGS(最后已知好状态)经常给开机上电序列带来容易被忽视又很难调试的严重麻烦。当芯片从完全关闭的状态被唤醒(即冷启动)时,LKGS 值是未知的,其逻辑值为"X"。若用锁存器作为隔离元件的接收域在源单元之前被唤醒,则该唤醒过程必须能够在不依赖未知的 LKGS(最后已知好状态)的情况下进行。解决这个问题的一个简单方法就是在电源上电时,对锁存器进行复位;然而遗憾的是目前使用的大多数方法并不支持隔离锁存器的复位。因此,采用锁存器作为隔离元件的电路,必须分别验证其 LKGS 为 0 或为 1 的状态,还必须验证该状态为逻辑值"X"的场合。

规则 3.1c

对采用锁存器作隔离元件的器件,在电源的接通和切断的整个序列中,每个从关闭状态到唤醒状态都必须进行测试。

推荐 3.1d

基于锁存器的隔离元件应该有复位信号。

7. 无门控的锁存器——未知状态和失控

用总线实现的设计长久以来一直采用保持元件:即不用任何锁存器使能,就能实现状态保持的反相器回路。有些设计师已把这种方法扩展到他们自己设计的隔离中。当反相器回路被用作隔离元件时,这些器件将会遇到在前面例子中门控锁存器所遇到的同样的问题。即这些器件必须被确认其最后已知状态是逻辑 0,还是逻辑 1。此外,对器件从完全关机状态到唤醒时的不确定状态也必须进行测试。由于无门控锁存器的复位是极其困难,这是造成许多设计隐患的根源,尤其当这些线网的主驱动电源被切断的场合,更容易产生设计隐患。

保持元件的驱动电压与电源域的电压不同,这也很容易产生设计隐患。设想开/关域采用 1.2 V 电压,而为了"节约用电",把保持元件的驱动电压维持在 0.7 V。这将导致不少电气和功能问题。当电源域被接通时,可能出现过多的电力消耗。当电源域被切断时,可能产生逻辑混乱,这主要是因为保持元件不能够为相应的逻辑值提供足够高的电平。

进一步扩展这个概念,当某个域的供电被切断时,无门控锁存器的输出信号将处于(逻辑/电压值为)非 0 非 1 的中间状态,这将造成逻辑混乱,从而破坏隔离的前提条件。不必说,通常我们不会使用这些器件。

54

对于这种类型的隔离,仅通过静态方法来验证隔离元件的存在是远远不够的。需要施加相当全面的测试向量,对这些风格的设计是否能正确地操作进行全面验证。然而,这些设计隐患通常被归类为结构性隐患,因为它们主要是由设计结构选择不当而造成的。

8. 上拉/下拉——电流过度消耗

大多数电路集成规则条款中实际上已经取缔了这些元件。然而,偶尔还是可以发现它们被用作隔离元件。虽然这些元件在逻辑上与基于与门/或门的隔离元件相同,但是对它们进行测试和硅片调试则非常困难,这些特点也就限制了这类元件的应用。并且这些元件跟与门/或门隔离元件存在着大致相同的隐患。

此外,对于无门控锁存器,上拉和下拉电路存在一个主要问题:即隔离,如果在关机前,接通上拉/下拉电路的电源,(像通常预期的那样),可能在该域的供电实际被切断的瞬间,产生巨大的短路电流。如果现存的逻辑电平正好与上拉/下拉元件相反,这种情况必然会发生。例如,若信号电平是逻辑 1,且下拉元件已经使能,则从信号驱动器通过下拉元件流到地的电流将非常大。同样,在唤醒区域,该域的输出信号可能会与上拉/下拉元件冲突,造成了一个电流消耗的尖峰值。

推荐 3 - 2

不要使用无门控锁存器或上拉/下拉型隔离元件。

在结束关于隔离元件讨论的这一小节之前,我们想给读者提出一个问题。隔离元件能否被插入在中间域? 即隔离元件是否能被连接到中间电源域的供电线轨? 答案似乎是显而易见的——是可以的,只要当接收域有供电的时候,隔离元件也有供电即可。许多现代低功耗设计工具就采用这样的逻辑。然而,当源域/目的域都被切断供电,而隔离元件仍旧维持供电的时候,这样做是很危险的。这种情况存在着电流过度消耗的潜在危险。当漏电路径形成时,这种情况就会发生,"输入隔离(停放)"这一节描述了这种情况,这是由电路连接和状态相结合而产生的结果。幸运的是,这种情况可以通过静态方法检测出来。

3.2.2 　电平换挡及其相关错误

若立体交叉电路的源地和目的地之间存在着电压差,则必须用一个电平换挡器来协调两地的电平。读者可能还记得在第 2 章中,逻辑值 1 是参照产生信号区域的电源线轨值(V_{DD})而得到的。被驱动的线网被充电至等于电源电压(V_{DD})的最高电压。在同一个供电域内,这样的逻辑能正常地工作。然而,当跨入另一个供电域时,线网上的电平可能不足以被认为是逻辑 1。即使是,它也可能使接收元件处于 CMOS 曲线的最大电流消耗区。

若不插入电平转挡器,则将导致接收域逻辑电平的混乱或者电流的过度消耗,或者同时发生这两种情况。逻辑电平混乱通常会扩大至下游的功能性故障。在缺少低电压到高电压的电平换挡器,且逻辑门电路漏电过大的场合,电流的过度消耗将以短路电流的形式发生。

规则 3.2a

若源域和目的域之间的电源轨线电压差大于由工艺技术库决定的某个数值时，则必须使用电平转换器。

1. 电平换挡器超出范围

如图 3-6 所示，仅连接电平换挡器是不够的。我们必须选择能处理施加于电平换挡器上电压的电平换挡器。在图 3-6 中，电平换挡器的技术指标要求源电压 V_s 必须为 0.8 ～1.2 V。而图中所施加的源电压仅为 0.7 V，低于源电压所要求的最低电压 0.8 V。请注意，当前的库格式，例如 Liberty 库格式，具有电压范围技术指标的属性，这些属性能通过工具，用静态方法进行检查。这一类型的错误大部分是由人工插入电压换挡器而引起的。用自动化低功耗综合工具通常不会出现这个问题。

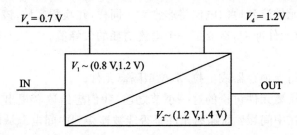

图 3-6 电平换挡器上的电压小于指标规定的范围

规则 3.2b

在确定是否执行电平换挡操作时，必须考虑电源轨线电压 V_{DD} 允许的电平范围。

2. 插入电平换挡器的域不正确

如图 3-7 所示，电平换挡器必须连接到源地和目的地的合适线轨上，而不至于违反其自身的目的。在这个例子中，电平换挡器被放在两个供电域的中间岛上，V_1 的供电电压为 1.0 V。这就意味着当这个电平换挡器的输出被连接到由 V_3 供电的域并扇出时，还需要另外一个电平换挡器。因此需要两个电平换挡器而不是一个，这将增加面积、功耗和延迟。只要不再需要另一个电平换挡器和隔离元件，把这两个电平换挡器放置在中间岛的做法是个好办法。

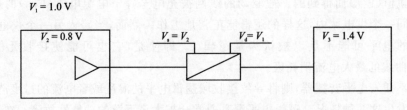

图 3-7 错误域中的电平换挡器

虽然很容易得出电平换挡必须是完全静态可测试的结论，但还要依赖用户预测电源状态表的能力(才能完成测试验证)。随着岛的个数和电压操作点的不断增加(有时达到成百上千个点),确定电源状态表的任务变得非常烦琐而又十分容易出错。当前功耗意图的说明技术也不能使得用状态表描述的存在大量电源域的设计变得容易些。例如,某设计有 7 个电源域,仅域的开和关的状态组合就有 128 个,这还不包括各种可变的电压状态和瞬间条件。因此,对插入电平换挡器进行验证,需要跨越相关的模式和边缘条件,进行动态验证,并确定验证的程度。

规则 3.2c

电平换挡也必须由每条跨越源域/目的域线对(pair)的电压轨线上的瞬态响应条件而决定的。

规则 3.2c 的换挡条件在一定程度上是可以被静态地预见到的。然而,为了获得动态覆盖率,对一系列换挡条件进行仿真是至关重要的。请注意,电压线轨往往需要几微秒,有时甚至需要几毫秒来才能完成电平换挡的操作:在电平换挡的瞬间,若违反了电平换挡的规则,将会使得许多元件在相当长时间内经受大电流的冲击。关于这一点将在"逻辑混乱"一节中加以说明。

57

3.2.3　其他结构性错误

我们当然不想给读者留下这样的印象,即结构性错误全部与隔离和电平换挡有关!其他结构性错误也是有可能发生的,但通常很少在前端逻辑验证中发现结构性错误。

例如,考虑造成超大浪涌电流(di/dt 效应)的电源开关结构。这类错误必须通过布局布线后的电气信号完整性分析才能检测到。若没有检测到,则由开关造成的超大浪涌电流将使电源线轨和逻辑电平出现混乱。

有些错误可能存在于个别标准单元中,这些单元中的晶体管存在结构问题。必须在晶体管层面上进行静态分析,才能发现这些问题。市场上已有越来越多的此类工具可用于网表级的静态分析。

硬件宏元件(Hard macro)内部的隐患是结构性错误的另一个主要来源。根据我们的经验,有些错误只是由于没有规范的形式化方法可以通知硬件宏元件内部的电源域分区或者管脚级分区而造成的。例如,考虑输入/输出单元存为 1.8～1.2 V 电压域。若已建立内部隔离的 1.2 V 电压域可以从内部将电路的供电切断,则它与外部隔离元件的连接将出现错误。幸运的是,所有的这些属性已经逐渐被包含到规范的库文件格式中,使得自动化工具能通过静态检测发现这一类错误。

3.3　控制/序列错误

到目前为止,控制/序列错误是最常见的导致功能性错误的来源。错误之所以经常发生,通常是因为对电源管理事件的控制不当。电源管理事件不但包括电压的换挡,还包括逻辑信号的变化,如隔离使能、复位、时钟门控信号等。在许多情况下,这些错误来自于电源管理单元自身的设计缺陷。当今完成的大多数设计集成了来自于各种渠道 IP 模块,有的从上几代继承而来,也有的从第三方获得。电源管理单元是系统芯片集成的一个主要方面,因此为了避免设计隐患,对电源管理单元进行彻底的验证是十分重要的。

从历史上看,采用多电压低功耗技术设计的很多芯片中出现的结构性错误,大多数都是因为没有完善的自动化工具流程所致。现在,随着新一代自动化工具的出现,已很好地解决了这一问题;下一个要克服的主要障碍是如何正确地驾驭这些结构。

3.3.1 隔离控制错误

只有隔离元件是不够的。当关断电源条件出现时,输入隔离元件的控制信号变为有效,隔离元件便能主动地执行隔离操作。关断电源的条件不能从结构上得到验证。关断电源的条件必须通过动态仿真,或通过其他技术,例如属性检查。

作者注:由于我们正在描述控制/序列错误,本节的格式有一些不同。作为后面验证的前奏,我们将介绍如何建立测试平台/测试向量来查找错误。

1. 隔离使能信号的时序不正确

(1) 描 述

这是一个极为常见的错误:源岛的供电已被切断,但接收器的隔离门还没有使能。这导致隔离门的输出端,出现不确定值。如图 3-8 所示。当信号 A 从逻辑 1

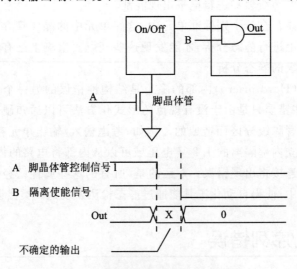

图 3-8 隔离使能信号的时序不正确

跳到逻辑 0，脚晶体管被切断。然而，隔离使能信号 B，延迟一段时间后才能到达。这将导致在隔离门中出现不确定的逻辑值，从而造成电流消耗过大。更糟糕的是，在多次逻辑仿真后，仍没有观察到隔离门输出未知逻辑值这个现象，一直等到硅片调试阶段，因为电源耗能过大，才最终被发现。本书推荐的方法学通过以下两条规则，来避免出现这个问题：① 必须覆盖引起这类问题的各个要素；② 建议在每个隔离元件的前后，编写断言，当这种条件的出现时，立刻报告。

如图 3-8 所示，当开/关电路块，例如电源门控域，发出一个高电平信号，上述电流消耗过大的问题很可能就出现了。仅插入隔离元件还不够，为了验证隔离使能时序是否正确，还必须对插入的隔离元件进行测试。 59

（2）测试平台（testbench）

测试平台应该用电压向量作激励来控制源区逻辑的关机和唤醒。此外，必须通过 PMU（电源管理单元）对隔离信号进行相应的开/关操作。

（3）验　证

必须验证经过隔离门传播到有电力供应的岛上的逻辑信号没有出现任何错误。每一个隔离元件都必须进行这样的测试。在每一个隔离点上，必须启动断言以确保隔离元件的启动和关闭（或者关闭和启动）之间有足够的时间间隔。

（4）避免这类错误的原则

作者注：下列原则和条款都必须当成规则来遵守。把这些规则写在这里，是为了体现那些曾在这些方面作出原创性贡献者的观点。

① 极性正确的隔离使能信号必须出现在电源门控信号之前，只有这样，受隔离元件保护的每个立体交叉电路才能保持正确的逻辑操作。

② 每当有信号从电源供电可以被切断的岛连接到有电源供电的岛时，必须配有类型合适的隔离元件。同样，每当有信号从有电源供电的岛连接到电源供电可以被切断的岛时，也必须配有类型合适的隔离元件。

③ 必须把信号的隔离电平置为禁止电平，以便使该信号无效。（"杀死"该信号）。

④ 隔离元件必须被连接到正确的（接通）电压线轨上。 60

（5）指导原则 3.4a

立体交叉和隔离使能是至关重要的覆盖点。

（6）指导原则 3.4b

隔离电平是无效的这件事，必须得到验证。例如，扇出不能被连接到"接通"电平上，也不能把仲裁请求连接到表示有效请求的逻辑电平上。

（7）指导原则 3.4c

带隔离的信号应该是电平敏感的，而不是跳变沿敏感的。就是这个隔离和释放的动作也可能产生跳变沿。

2．冗余的隔离

考虑图 3-9 所示的情况：当域 3 开启时，若隔离使能信号有效。此刻发出信号

B 的域 3 虽然仍有电源供电,但信号 B 已不起作用被"冻结"了。然而,这是一种很难处理的情况。大多数电源管理协议要求先使隔离有效,然后立即关断信号源的供电。若域 3 恢复电源供电,则要求域 3 通电后,使这个隔离无效。与基于断言的简单检测相比较,对这个瞬间的供电情况进行检测,则十分困难。域 3 的电源供电是否发生改变的最好指示是域 3 时钟的变动。若采用如下协议这一问题将较容易解决:在切断源域电源时,先关闭时钟,然后使隔离有效,再切断供电;在接通源域电源时,先恢复供电,然后使隔离无效,再恢复时钟。源域供电恢复后,把复位信号作为判断是否可以去除隔离的标记是可行的。

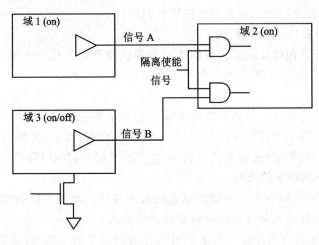

图 3 - 9 冗余的隔离

规则 3 - 4
必须用合适的断言检查冗余隔离的使能。

61 ## 3. 待机状态下的存储器破坏(不安全写)

(1) 描 述

设计中诸如寄存器、锁存器和 RAM 存储元件可以使用一个优化的电压(较低的待机低电源电压 V_{DD}),从而显著地减少漏电电流。这样做,虽然可以保存相应的存储内容,但无法驱动数据线或接受任何写入存储元件的值。如果待机元件输入端的时钟信号发生抖动,就可能导致保存在存储器内部的数据发生混乱。这是功能性错误。当记忆元件被唤醒时,保存在其中的数据可能出现一些错误的位,这可能造成设计故障。

(2) 测试平台(testbench)

在这种情况下,如图 3 - 10 所示的触发器被认为是用 V_{DD} 供电的存储元件。为了将该触发器置于待机模式下,通过电压调节器将电源电压 V_{DD} 降低到待机电压。测试平台需要一个电压调节器模型用来改变施加到存储元件上(本案例中是一个触发器的)电压。电压调节器将电压值降低到待机电平。当触发器进入待机状态时,输

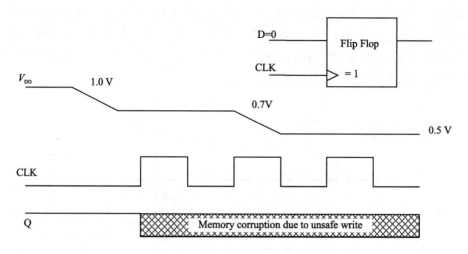

图 3 - 10　不安全的写入

入触发器的时钟信号被关断。

(3) 验　证

传统的仿真器没有区分正常工作模式或待机模式的机制：这就需要使用能感知电源电压的仿真器。一旦电压变为待机电压，若时钟不稳，存储元件中保存的数据将遭到破坏。因为这时的数据写入是不安全的，存储器中的数据将发生混乱。因此在调试信息中必须包含自动失效断言，以便发现写入错误，并确保没有丢失任何写入的错误。

规则 3.5a

在待机状态时，不要触动任何引脚，特别是时钟、读/写引脚。（通常在待机电压下支持复位。）

规则 3.5b

在待机情况下，必须有时钟门控元件，使时钟电平固定不变*

4. 保存和恢复序列

(1) 描　述

典型的保存方法必须用一些专用的控制信号，例如由电源管理单元产生的保存/恢复信号。这种电源节电模式的控制序列应该是一个非常典型的序列，即保存-电源门控-唤醒-恢复。尽管已遵循这一典型的控制序列，但这些控制信号的过早到来，将破坏恢复的储存值，设计唤醒恢复后的状态也将是未知的，从而使设计不能正常运行。

(2) 测试平台

如图 3 - 11 所示，所施加的激励信号必须遵循保存-恢复信号的准确动作，将功

*　inactive clock 指 stopped clock。——译者注

能块(此处指 DMA 块)关断/唤醒。电源门控的 DMA 中有两个寄存器 RegA 和 RegB,它们都是用于保持数值的寄存器。在图 3-11 所示的场合,RegA 的恢复操作在其电源电压完全唤醒之前执行,从而造成恢复值的破坏。RegB 的恢复操作遵循了正确的控制序列,从而避免恢复值的破坏。

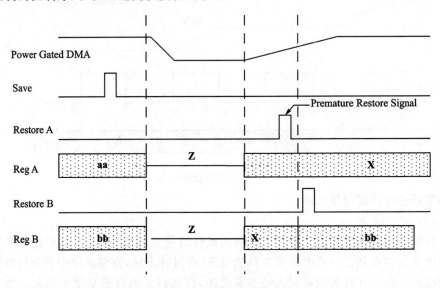

图 3-11 由恢复信号的过早到达而造成的错误

(3) 验 证

用仿真器进行验证必须能暴露寄存器中存储值的破坏。然而,除此之外,在唤醒事件后,对被恢复的寄存器必须有充分的覆盖和观察。因此,必须编写断言,以确保每个保持元件中已保存的值不至于被破坏。

5. 由控制错误造成的功耗浪费

(1) 描 述

一旦某个电路块受到电源门控,该电路块的每个输入信号就没有必要再发生任何变化了。输入信号的任何变化都会导致毫无意义的电容负载的充放电,从而浪费电能。对于高扇出和开关频率很高的信号更是如此,如图 3-12 所示的时钟信号,关机期间电路的开关操作,将会浪费大量的电能。在信号发生源就切断这些信号的开关操作,可以节省电力。传统的低功耗验证,例如 X-注入,将无法动态定位这些问题。

(2) 测试平台

测试平台必须首先将一个电源门控的岛置于关断状态。虽然该岛的电源受到门控,但仍必须检查可能造成任何电力浪费的时钟跳变。想要找到这个隐患非常困难,这是因为元件的功能不会因此而受到影响。

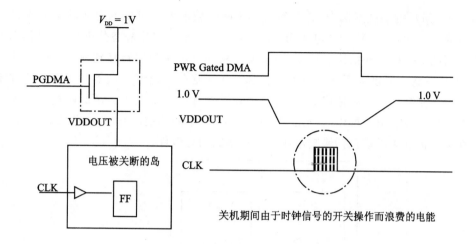

关机期间由于时钟信号的开关操作而浪费的电能

图 3 - 12 电能的浪费

(3) 验 证

上述隐患在仿真时不会表现为任何功能性故障。因此,只要仔细地编写一组断言,就能检查出这个隐患造成的问题。请注意,仅对时钟门控元件进行静态检测是不够的。

规则 3.6a

当岛的供电电源被切断时,在关机的岛上的时钟、复位和其他高扇出的线网必须被门控为无效(禁止)。

- 这听起来像结构性检查,但仅有时钟门控是不够的。必须插入一条断言,以确保门控真正有效。

规则 3.6b

为避免这类问题的出现,必须进行晶体管级检查。

- 首先,在电源被切断的岛上的第一级电路不允许有传输门或者用半导体扩散工艺*的连接。在这两种情况下,传输门有可能会被烧毁。

3.3.2 逻辑混乱

(1) 描 述

大多数物理库中的元件是用电压范围来描述其工作电压的,没有必要用电压换挡器。在这种场合,库元件的技术指标是这样表述的,即从信号源到接收器的电压差小于 150 mV 的任何驱动电压,不必使用电平换挡器。

许多设计师依据电源状态组合表,来决定是否有必要添加电平换挡器。在

---

* 一种硅半导体工艺过程。——译者注

图 3-13所示的测试案例中,岛1和岛2这两个域的两个可能的电源状态分别是高电压为(1.2 V, 1.1 V);低电压为(0.9, 0.8 V)。倘若只用静态分析方法,可得出不需要用电平换挡器的结论。然而,当该设计从一个电源状态转移到另一个电源状态时,电压差将有可能大于150 mV,因此违反了不必使用电平转换器的规则。这种错误的出现完全是由动态造成的,只有通过有针对性的测试或者穷举的随机测试才有可以发现。我们虽然可以对电压变化斜率(上升/下降的坡度)进行一些静态分析,但用静态分析方法不能包括影响电压变化斜率的动态事件。

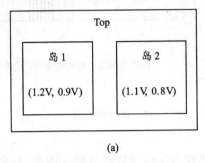

(a)

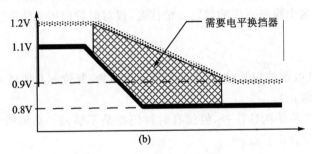

(b)

图 3-13　动态电平换挡错误

该设计表现为功能性错误或者非功能性错误都有可能;然而出现电气故障、时序改变,以及过大的电能消耗则是十分可能的。电路的损坏完全取决于电压差,以及晶体管结构是否暴露在不安全的条件下。这类错误明显地是由控制引起的:多条电源线轨中的电压值若在同一时刻突然发生变化,将有可能造成大量的电路故障。假设CMOS器件的源地和目的地两个电源电压 V_{DD} 轨线在同一时间突然改变,造成的后果是很难预测的。通过安全的方式调度电压的改变可以避免这类问题的发生。

(2) 测试平台

在编写的测试案例代码时,必须考虑每个从信号源到接收器方向电压变化的最坏情况。对信号源和接收器之间存在最大电压差的场合,设计的功能是否仍然正确,必须进行测试。

(3) 验　证

从元件库输出一个变量来表示逻辑电平误差范围,并不是一种标准(这十分类似于板级设计中的 V_{il}/V_{ih})。该隐患的表现之一是多条线轨的电平值同时换挡。为了确保不至于出现这种情况,在测试代码中,必须添加断言。编写断言是很容易的,但是,当线轨的条数增加时,将导致逻辑电平误差范围的急剧增多。用静态分析方法是可以根据电源状态表来分析这种可能性的。但是,请注意,动态仿真却并不总能与状态表保持一致,也不是总能遵循以可预见的形式执行电平换挡。设计电路确实有可能进入非法状态,并出现错误的电平换挡。

(4) 规　　则

在同一时刻不能有超过一条线轨的电平换挡。若在由这些线轨控制的岛之间没有立体交叉电路,则可以准许放弃电平换挡。然而,这仅是对功能验证而言。当岛之间存在立体交叉时,仍必须做电平换挡的完整性验证。

总而言之,发生错误的可能有许多。电源管理机制一旦被插入到功能逻辑中,验证工程师必须归纳出所有必要的测试,并且逐个完成这些必要的测试。然而,对每个具体案例而言,充分周到的测试方案(第 5 章,"多电压测试平台体系架构")、计划完美的测试方法(第 6 章,"多电压验证")和管理完美的覆盖和断言(第 6 章)实际上是不可能做到的。然而,当我们开始沿着这条道路前进的时刻,我们必须认真仔细地考虑由控制/顺序和状态保持电路而产生新隐患的重要源头,对于当前的 EDA 设计语言而言,我们提及的这些问题都有全新的语义。这些将是下一章中讨论的话题。

66

3.4　体系架构性错误

这一类错误通常表现为系统整合或者运行问题。尽管根据芯片的"技术指标",芯片的功能是完全正确的,但使用该芯片的实际系统,却没有达到预期的理想效果。

考虑本应被切断供电的未被使用的闲置块,却没被切断电源的情况。在这个场合,虽然该芯片的功能不受任何影响,但耗电量可能会高于预期,从而造成电池消耗过快,或者待机电流过大。虽然这不属于严格的功能性错误,只是电源域分区方案中的一个错误。同样,如果电压调度策略有错,该芯片可能会耗费过多的时间来执行电压的换挡操作,从而消耗比预期更多的电力;这一类隐患很难被发现,也很难调试。

相对比较简单的一种情况是:设置芯片资源进入不能操作状态(如关机和待机)的体系架构性隐患是比较容易发现的。例如:如果处理器开机后,缓存没有上电,这明显是电源操作顺序的错误,也可能是电源管理策略的错误,但表现为功能性错误,所以很容易被发现。

体系架构性隐患很多都是本质性的错误。很不幸,这些问题很难在系统设计的初始阶段被发现,往往一直等到系统进入最终的整合配置阶段,在实际运行软件时,才暴露出来。这些问题通常表现为某些配置问题,例如:什么时刻应该用某个唤醒引脚,而不是用别的引脚。

想要检测出体系架构性隐患,必须对最终的系统整合和所使用的软件模型有很深刻的理解,当然还需要把技术规范系统融入到自动化分析工具中。这说起来容易,做起来难。我们将在第6章测试计划一节中,详细讨论如何做才能让测试有很高的覆盖率。

3.4.1 电源门控错误

(1) 描 述

MOS晶体管的"开"和"关"是由其栅极和源极之间的电压差决定的,通常我们也将"开"和"关"称为晶体管的"导通"和"不导通"。这种机制被用于电源门控。栅极电压是指使晶体管不导通时的栅极电压。举例说明:如图 3 - 14(a)所示[*],给栅极施加逻辑"1",栅极被充电,当电压升到驱动器电平 V_{DD} 时,就可以使晶体管不导通。通常,电源供电的开/关也是用栅极和源极之间的电压差来控制的。若栅极和源极之间的电压差为零,则晶体管关断。然而,当电源门控信号的驱动电压比 V_{DD} 暂时下降一点时,供电已被切断的岛将出现"导通"的趋势,然后立即恢复原来的关断状态。当电源门控信号的驱动电压比 V_{DD} 暂时上升一点时,电源门控也变得更有电阻性。同样,带有脚晶体管的已有供电的岛也会突然变得更有电阻性,否则将会出现"导通"的趋势。

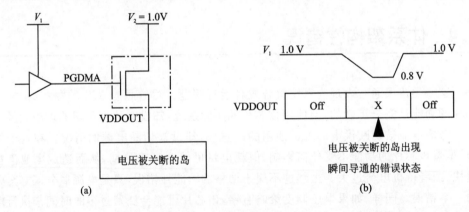

图 3 - 14 电源门控制的混乱

上述现象是相当危险的,因为这将导致电流突然出现尖峰值,从而进一步破坏供电轨线。虽然这一现象看起来像是电源供电线路网格实现不合理所造成的电源完整性问题;但造成这一问题的真正原因通常是因为电源状态的调整过快,而没有经过几个时间节拍逐步完成调整过程,从而导致了电源供电的波动。电源管理单元在切换有电压值的轨线之前,必须考虑供电电源的稳定性。

(2) 测试平台

编写能对电源门控进行验证的测试程序是十分困难的。必须满足下列条件,才

能开始编写测试程序:

- 对所有的电源门控值,必须声明其电源开关的阈值电压。
- 必须为电压的瞬间下降,建立模型,特别当岛的电源被接通/切断的时刻。
- 最坏的情况是当多条电源轨线在同一时刻同时发生变化。测试案例中必须包括能对该 SoC 电源线轨换挡的结构进行重点测试的有意义的向量。

68

3.4.2　待机状态下的存储器数据遭到破坏

(1) 描　述

采用最佳的低电压为设计中的存储元素供电,可以用最少的功耗保持住已保存在存储元素中的数据,但它却无法驱动总线,以便从存储元素中输出已保存的数据;存储元素也不能接收从外部写入的任何数据。这一状态可以被称为低 V_{DD}(电源电压)待机模式。给存储元素供电的电源电压不能低于技术和电路实现所要求的最低待机电压,否则存储元素中已保存的数据将会遭到破坏。因此,确保驱动电压不低于存储元素供应商指定的最低待机电压是非常重要的。

(2) 测试平台

如图 3 - 15 所示触发器,被认为是由 V_{DD} 供电的存储元素。通过电压调节器,将 V_{DD} 降低到待机电压,该触发器便进入待机模式。测试平台必须包含电压调节器模型用以改变施加在存储元素上的电压值,在本案例中,存储元素是图 3 - 15 所示的触发器。电压调节器将电压降到最低的待机电压,如果再继续降低(通常会产生错误)。此时的电压值被称为待机电压,(在技术库里应包括此参数,通常列在存储器和寄存器的技术指标说明书中)。然而,为了检测和调试这一类型的错误,仿真机制必须既包括破坏模型,又包括断言机制。

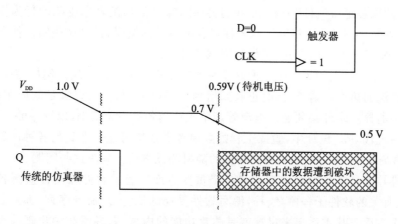

图 3 - 15　由于电压不足而引起的存储器混乱

规则 3.7a

为了检测电压的调度,在电压调节器中,每个电压标识码(VID)必须包含断言。

规则 3.7b

存储器 IP 宏组件的技术指标说明书中必须规定最低的待机电压。

3.4.3　外部元件和软件的建模

由于电压调节器和电源开关隶属于混合信号器件,其电路行为只能是异步的,因此分析电源状态的变化,不得不考虑更多的因素,从而变得更加复杂。不考虑这些因素而建模的验证系统,经常会遗漏在闭环控制系统中容易出现的隐患。此外,复位和时钟信号是由这些异步信号进行控制的,注意到这一点是十分重要的。换言之,同步系统的操作是按照电源状态序列中的异步事件"被开始"和"被停止"的。

从另一个角度看,电源管理单元或控制器的监视器从诸如 SoC 块之类的同步系统接收到激励信号。在这种场合,软件写到寄存器以改变电源的状态,例如,将某个岛的供电电压从 1.0 V 挡变到 1.2 V 挡。假设按照同步机制,时钟门控信号可能首先变为有效,然后,电压调节器接到系统发出的信号,表明(系统中某个域)想要某个挡次的电压供电。然而,电压的换挡以及任何表明状态的信号的到达,都是异步信号;这是一个远比现代集成电路正常时钟周期长得多的时间间隔。若没有对电压调节器的响应做任何验证,则很可能漏检电压调节器响应前后由控制不当而产生的错误。本节所举的隐患例子,正好说明了这个问题。然而,此刻,我们强制性地推行了这样的基本规则:必须为电压源的行为独立建模。

规则 3.8

必须为电压源建立电气行为十分准确的仿真模型。

在"测试程平台组件"一节中,我们将深入探讨如何配合电压源的行为模型来编写测试程序。在本章中,将继续深入探讨各种不同的错误,正是这些错误使我们用一种检测这些错误的专门方式,来编写测试平台。

控制/序列错误的另一个方面是子系统或者事件的并发出现。例如,系统可能收到表明高温的热中断请求,同时也收到增加一个电源的请求,以满足新应用的需求。这些无关的异步事件必须通过电源管理单元跨越各种边角案例,以统一的方式,加以处理。在现代 SoC 设计中,验证工程师必须考虑系统可能会遇到的各种问题。在第 6 章和第 7 章中,将讨论如何用受约束的随机测试方法来解决这些问题。

软件控制是产生控制序列的另一个重要方面。通过软件和硬件监测各种比特位,加载有关的软件子程序/线程,编写软件受控的比特位/命令序列,都是必须彻底验证几个方面。从本质上来讲这就是芯片功能的内核,若在系统中出现执行多线程的多处理器,则这个内核将会变得更加复杂。

规则 3.9

测试平台和测试案例中必须包括一项建立软件观察和电源管理控制模型的条款。

3.5 结 论

总而言之,在进行低功耗设计的道路上会遇到属于非常规逻辑故障的许多错误。这些错误往往是由设计结构不当、控制序列错乱、体系架构漏洞等各种原因所致。找到这些错误通常是很困难的,特别是大多数的错误最终只表现为电能的大量消耗。在设计过程的早期,发现这些错误的最好方法是采用静态检查、测试平台组件,以及具有针对性的测试向量这三种手段相结合的测试方法。

第 **4** 章

状态保持

摘 要

本章将讨论与状态保持电路设计有关的更深入的问题：各种可能的结构方案，它们各自的优缺点，以及验证方面的难点。然后介绍有选择性的保持和部分保持两种电路方案，以及电路验证方面新增加的问题。

4.1 前 言

正如前面在第 1 章和第 2 章中所述的那样，减少漏电最有效的手段之一是切断闲置块的电源供应。在上一代集成电路电路制造工艺中，曾使用门控时钟，这对控制动态功率的消耗十分有效，但对减少漏电并没有什么用处。然而，采用时钟门控的电路块可以直接恢复运行，不存在任何状态丢失的问题，然而采用切断电源供应的电路块与上述情况完全不同。在电源供应被切断的情况下，电路块的所有状态都会丢失，因此不得不采用复位重新开始，或必须恢复系统电路块原来的"状态"，继续运行。

状态的丢失很久以来一直是集成电路架构设计师的克星。传统技术，如背偏压技术和低待机电源电压 V_{DD}，已被电源全切断的关机所替代。然而，随着工艺过程中的节点缩小，以及所有的半导体工艺库已不再支持背偏压技术，低电源电压（V_{DD}）待机正逐渐变成过时的不可行的工艺方法。此外，没有哪一种技术可以完全消除漏电，这使得切断系统的供电成为减少半导体漏电的最有效方法。

电源门控与完全切断外部供电的关机比较，其唤醒延迟时间特别短，通常要求工程师们采用电源门控技术，以便迅速恢复正常的操作。电源门控不但能减少逻辑电路的漏电，也能减少寄存器的漏电，但通常会引入能源成本函数，即必须添加子系统的重新启动。一旦接通电源，电源和时钟网络很快趋于稳定，此时电源子系统中的所有寄存器必须立即从未知状态复位到 0。电源门控子系统的"重新启动"通常会增加能源成本,影响实时服务的响应速度。例如,在 SoC 设计中,用中断"唤醒"某个响应速度要求很高的中断服务处理子系统,将需要更长一些的延迟时间,因为必须先唤醒中断服务处理子系统,恢复处理器的运行后,才能提供中断服务,然后才能处理中断服务程序。

从电路体系架构上看,状态保持电路已经存在很长一段时期了。被切断电源的系统和子系统必须设法把需要保存的状态信息存放在易失的(RAM)或者不易失的(ROM)存储器中。笔记本电脑的"休眠"状态或电视机的频道/音量设置就是这样一种操作。在这种场合,关机(状态失去)之前,必须执行保存必要信息的协议,开机以后再恢复保存的状态。

然而,在集成电路中添加状态保持电路是一种全新的设计思路。从集成电路实现的观点而言,保持电路已"深入到"叶级单元。虽然保持电路可以快速地恢复已保存的状态,然后添加了这种保持电路的系统的体系架构、电路的验证和测试都面临着急剧复杂化的巨大挑战。此外,添加状态保持电路所付出的代价过去主要是产生新的延迟,而对电路面积的需求和时序的影响甚微,但目前,在集成电路中添加状态保持电路,对芯片面积的需求已大大升级,远远超过以前对面积的需求。

4.2　状态保持的几个途径

本节介绍了用硬件和软件方案保持状态的基本原则。但是,下一节的后半部分,将把关注的重点全部集中在如何才能验证"用电源门控/气球锁存/影子锁存的状态保持"电路正确性的难题上,这种风格的保持电路日趋占据主导地位,因而验证方法必须做重大改进。

IP 子系统中采用硬件实现状态的保持/恢复是很有吸引力的,通过硬件途径,几乎可以透明地完成添加状态保持和状态恢复的电路功能。若没有必要对第三方操作系统(OS)或固件做任何修改,则整个项目和产品开发进度将不会受到影响。然而,采用软件方法,在集成电路中添加保存和恢复系统或任务级状态的功能,可能需要更为复杂的系统,有可能影响操作系统的内核或设备驱动程序。

4.2.1　硬件的方法

倘若在切断电源供电之前,我们能够把寄存器的状态准确地保存妥当,便可立即切断由时钟跳变沿触发的 RTL 设计的供电,让电路停止工作,在需要电路继续工作的某个时刻,有效时钟跳变沿可再次恢复该电路的运行。倘若有足够的时间允许电源电压重新稳定,并且时序限制的要求也能得到满足,则寄存器之间的所有组合逻辑只需要重新评估输入状态,并产生有效的输出即可。

在硬件中保存逻辑状态的基本方法如下：

- 添加专用的锁存元件，为分布式的状态保持提供存储空间。
- 重用扫描链，按顺序地检查片内或片外存储器中保持的状态。
- 设计了专用的"冻结"时钟，并以低电压保持电路的状态。
- （上一项也被称做低 V_{DD}（电源电压）待机，或"休眠"状态保持）。
- 除了作为标准寄存器的两个锁存器外，添加了一个低漏电的锁存器（即第三个锁存器）用作状态保持寄存器 *。

主/从锁存器可以用来实现电路的状态保持。状态保持锁存器（在技术文献中，锁存器通常被称做"气球"）需要独立备用电源的支持，因而具有某种形式的独立于主电源电压的采样保持功能。在标准的设计流程中，用 RTL 编写的代码可以综合成用这种寄存器表示的电路。在这种寄存器中必须添加一些控制电路，使得它（在逻辑电路和基本寄存器的主/从部分的电源被切断之前）能有序地保存状态，一旦主电源恢复供电并稳定后，添加的控制电路可恢复已保存的状态。优化的 RTL 代码非常适合用综合器将其转换成带状态保持功能的时序电路。但是，必须增加一个外部的控制序列信号发生器，以便产生用于确认保持电路是否正确的一系列测试信号，输入到保持电路中，然后从保持电路输出。这种保持寄存器的运行速度非常快，能有效地保存和恢复电路状态，但每个这样的寄存器必须添加锁存器结构和备份电源，不得不占用一些芯片面积，因此芯片的成本有所增加。

对综合后电路的制造测试得到了设计（实现）流程的有效支持，实现流程用扫描触发器(scan‑flops)来替代标准的触发器，用一长串前后级联的扫描触发器组成 ATPG(Automatic Test Pattern Generation)测试链路。如果足够小心，就有可能以基于移位寄存器的方式，重新使用这些原用于电路制造的扫描链，用扫描使能控制信号把电路状态存入移位寄存器，倘若能把保存的电路状态小心地移回，则电路便可恢复正常运行。

即使需要用几千比特的 sram 来存储扫描链的数据，它（指用 ATPG 保存状态这种方法）也比分布式状态保持寄存器的面积开销要小。而用 ATPG 作为状态保持寄存器，一物两用，芯片面积的开销是最低的。然而，切断供电前需要把状态信息移位存入 ATPG 寄存器，恢复状态时需要把状态信息通过移位输出，状态的保存/恢复必须消耗动态功率。正因为如此，必须非常小心，不能超过同步开关所要求的由电流电阻引起的电压降。扫描链的扫描使能控制信号常常会阻碍等待状态和时钟门控信号，所以系统控制电路必须比较复杂。而且状态恢复的实时性取决于扫描链的长度；但是，在某些情况下，为了节省面积，我们不得不考虑采用 ATPG 来保持状态，以降低芯片的成本。

---

* 标准寄存器是由两个锁存器组成的，而具备状态保持能力的寄存器需要再添加一个低漏电的锁存器，也就是第三个锁存器。——译者注

在电压可分为多级的环境中,有第三种方法可以减少状态保持电路的漏电。倘若子系统处于休眠状态,则令时钟和复位信号无效,不产生任何输出信号,而综合后产生的标准电路必须具有辅助的低电压供电通道(轨)提供尽可能低的电源电压,用以维持寄存器单元中的锁存器供电以便保持住记忆的状态(即低电压待机状态)。然而,由综合器实现的电路中的寄存器必须被设计成具有辅助的低电压供电通道,以便用很小的功率来保持住电路的状态。这种解决方法可以部署在有独立供电通道的多电压级别的电源中(通常,需要独立的电源调节器才行,这意味着最终产品的成本将有所提高),而这种解决方法对芯片的面积影响最小。然而,电路恢复正常运行的实时性,则取决于电压换挡所需要的时间,与开-关电源门控相比,减少漏电节省的电量很难进行量化。

在所有上述各种硬件解决方法中,全部状态保持是最容易的起点。

4.2.2　软件方法

对于带集成知识产权(IP)的设计而言,添加清晰的应用软件编程接口(API)是很有吸引力的替代方案,允许用户读取系统内部需要保存的状态,然后把读取的状态写入存储器保存。在恢复供电后,现有的硬件复位电路被用来对 IP 状态进行重新初始化,而软件标志被用来表明这个标志是否被当作再次热启动的标志,在再次热启动场合,保存在存储器中的状态又被重新写回到硬件电路的状态寄存器。

基础 IP 块必须支持在程序控制下的关键架构状态的读取和写入。出于安全考虑,这个全部状态的访问只能通过专用的优先访问区或协议进行。这可以防止对子系统的意外或恶意的重新配置。可以把必须保存和恢复的状态总数裁减到结构上已定义的状态总数,或者与已定义的编程模型的状态寄存器个数一致的子集。用于状态保存和恢复的 API 函数就变为确认知识产权(IP)的模型,并且是可交付使用的。由于状态的读取和恢复需要操作时间,所以系统的实时性就会变差,这是必须付出的代价;而且所省的电能多少与系统中需要保持的状态总数量密切相关。

对于带缓存的微处理器,还必须考虑一些新出现的难题。状态的保存和恢复可能会占用一部分缓存(重建恢复操作缓存,需要耗费一些电能,这是必须付出的间接能源代价),如果代码在无高速缓存情况下运行(为了使缓存内容位移最小化),很有可能对系统的实时性产生更严重的影响。

然而,主要问题是严重影响项目或产品的设计进度。若操作系统或设备驱动程序必须升级,而且必须采用附加的 API 对状态保持电路进行验证,则很可能出现设计进度的重大延误。

4.3 状态保持寄存器

有关状态保持寄存器需要注意的关键问题之一是这些状态保持寄存器是元件库中的实际电路元件,这些实际元件完成了重要的构建任务。倘若实际电路元件是由元件库的设计师提供的,则必须考虑下列因素:

- 指定系统中哪些寄存器是状态保持寄存器。
- 为这些寄存器指定主电源和备用电源。
- 以时钟节拍为间隔,产生控制保存/恢复的时序、复位信号的时序、扫描时序和电源功能的开/关时序。
- 测量验证覆盖率。
- 为状态保持元件编写合适的断言并测试之。
- 在电路细节实现后(包括中间的每一个阶段),对设计进行验证。

然而,上面列出的是最起码的验证清单。插入状态保持单元,对设计流程的执行会产生全局性的影响。这个影响从选择寄存器开始、经过布局约束、库单元的设计和特性的设计(以及特性的表示)、一直到测试和形式化验证方法。

在微体系架构上,插入状态保持电路遇到了不少难题。传统的寄存器模型的Verilog 代码如下:

```
always @ (posedge clk or negedge reset_n)
    if (! reset_n) q < = 0;
    else q < = d;
```

上述模型及其衍生模型从行为上是很容易理解的,对应的电路是独立的。随着状态保持需求的出现,我们正在寻找具有保存、恢复、电源接通、电源切断等一系列新行为的状态保持电路。从语义上看,新的状态保持寄存器元件模型必须添加一个比特位,用该比特可以准确地描述仿真行为。从微体系架构上看,高层次的选择如下:

- 保存/恢复这两个控制信号是不能同时有效的,而且信号在变为有效之前,必须有一段相对于时钟/复位信号的互斥期(互排斥)。
- 保存/恢复电路是完全按照时钟节拍操作的。
- 保存/恢复电路所用的时钟信号与寄存器的有效时钟跳变沿是相关的,或者与该时钟的某特定相位对齐。
- 保存/恢复电路是用单个信号控制的,或用带极性约束的两个信号控制。
- 保存/恢复与寄存器的电源有效性相关。
- 复位寄存器的主输出,或者是把整个保存内容清零。

请注意,电源管理单元负责及时产生保存/恢复控制信号。然而,这些控制信号的时序必须完全符合保存控制协议的要求。由于元件库可以提供大量标准化的时钟门控锁存器元件,所以添加时钟门控电路比较方便。在理想的情况下,设计中增加状态保持电路将变得如添加时钟门控电路一样容易。然而,针对所用的保存寄存器和电源门控电路的具体形式,必须用特定的基础控制序列分别对其进行测试验证。有一部分工程师,他们的工作是编写基础子系统的 RTL 代码*,其目的是提高基础子系统的透明度**对它们的最基本要求是,必须"优先"考虑对状态保持寄存器的控制,然后才考虑基础寄存器的时钟信号以及置位/复位功能。

这很重要,因为高扇出的时钟和初始化网络构造通常很容易产生漏电。在不需要/需要时钟和初始化网络的时候,电源门控可以及时切断/接通容易产生漏电的电路结构块的供电,从而不用总是连着电源,显著地降低了功耗。此外,可综合的 RTL 代码,就优先顺序而言,必须先编写现成的异步和同步复位项、时钟项和使能项,然后再分层次地描述状态保存/状态恢复的电路行为。

举例说明如下:考虑图 4 - 1 所示的单信号状态保持方案的控制信号波形,以及图 4 - 2 所示的双信号状态保持方案的控制信号波形。

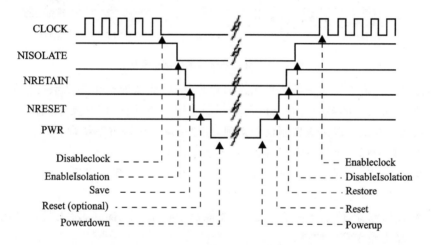

图 4 - 1　单信号的状态保持

在低电平有效的保持控制信号 NRETAIN 的下跳变沿时刻,寄存器保存当时输入的状态,而在 NRETAIN 的上跳变沿时刻,恢复已保存的状态。虽然 NRETAIN 是低电平有效,但在 NRETAIN 有效期间,复位和时钟信号已不起任何作用,在仿真时可以把它们当作电平不确定(X)的信号,不会破坏已保存的状态。图上清晰地显示了低电平有效的复位信号 NRESET,NRESET 信号支持任何在恢复供电后必须重新初始化的非保持状态寄存器的复位。

在双信号状态保持方案中,用两条独立的信号线路来传达保存/恢复控制信号。

---

*　这里的基础子系统可能是指带电源控制和状态保持功能的低功耗寄存器库元件模型。——译者注
**　这里透明度可能是指低功耗寄存器库元件的易用性。——译者注

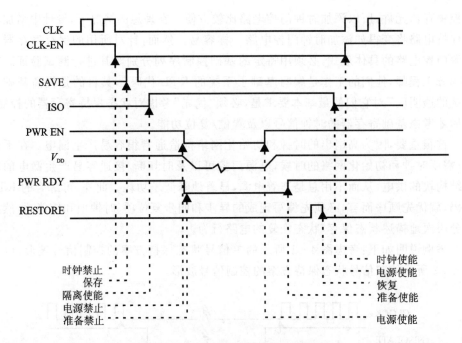

图 4 - 2 双信号保存的控制信号时序

这样做虽然付出了增加一条信号线路的代价,但就清楚地产生多个保持信号而言是有好处的:模块中的各个寄存器可在不同的阶段实施保存/恢复操作,前后关系相同的多状态恢复也可以用双控制信号实现,在电路调试中该方案特别有用。

不论使用哪一个控制方案,两个基本点保持不变:

● 启动状态保存操作的控制信号必须清晰无误,保存完成后才能切断电源;必须禁止时钟,以确保不发生其他写操作。

● 接通电源,待电压完全稳定后,才能启动状态恢复操作,避免与正规的写入/复位操作发生冲突。

4.3.1 选择性保持

选择性保持是一种设计技术,这种技术使用不同的控制信号或者控制序列,在不同的时间恢复(并潜在地保存)已保存状态的不同子集。在当前的设计实践中,更有可能看到的是只有一个共同的保存信号,而恢复信号却有多个。状态保存的另一方面是确认什么是想要保持的和恢复的状态,如何保存,以及何时保存。若状态寄存器的一个子集被选为保存和恢复操作的目标,而不是把选择整套状态寄存器作为目标,则这种保存操作被称为部分状态保持。在这种场合,状态不必保持的寄存器将被复位。

选择性保持可以与部分保持共存,也可以独立于硬件或者软件解决途径而存在。本节深入地讨论了选择性保持,而在下一节中再讲述部分保持。

　　这种选择性保持思想确实有很强大功能,但也存在着很大的风险。体系架构设计师应该能够精细地控制被保存或被恢复的一系列上下关联的状态,得以进一步控制延迟,所以这种技术可能至关重要。电源域中可能存在着多时钟域的寄存器,或正在执行的子域分级唤醒操作,从而要求恢复信号之间必须存在隔离。

　　在某些场合,这种隔离可能是至关重要的:某些元件的唤醒要求对下游代码进一步执行的条件进行设置。选择性保持还可以更好地减少延迟对电路操作的影响。先安排重要的寄存器子集,让它们能及时恢复正常操作,其余的寄存器有的安排在队列中等待恢复,有的则被安排在稍后的时刻再恢复操作。

　　在选择性保持的所有应用中,验证工程师显然必须承担相当多的附加工作,这种精细的控制意味着设计工作中存在产生错误隐患的概率很大! 首先,让我们研究图 4-3 所示的一种相对简单的选择性保持。电源域具有两组寄存器,A 组和 B 组。A 组由 Save_A 和 Restore_A 信号控制状态的保存/恢复操作。B 组由 Save_B 和 Restore_B 信号控制状态的保存/恢复操作。

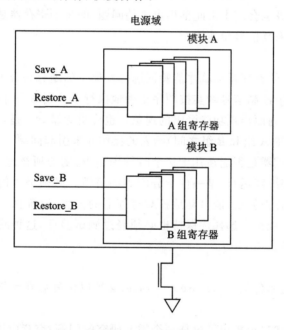

图 4-3　选择性保持

　　一旦完成这种分割,我们便可以强制施加用如下伪码表示的时序信号:

切断电源关机:

保存 A 组寄存器;

对 A 组寄存器实施时钟门控;

运行某些操作;

保存 B 组寄存器;

对 B 组寄存器实施时钟门控；

执行 切断电源关机操作；(电源门控制使能)

//等待一段时间....

唤醒电源域；

解除对 A 组寄存器的时钟门控；

恢复 A 组寄存器

运行某些操作/检查；

解除对 B 组寄存器的时钟门控；

恢复 B 组寄存器；

那么，哪里会出错呢？首先，我们必须承认，这是由部分保持衍生的问题。寄存器是否已被合理地划分成到正确的保持子集中呢？换句话说，对 A 组和 B 组中的每个寄存器而言，如何判断我们的划分是合理的呢？这种划分结果能够建立什么测试呢？自然，在网表级也会产生由此推衍出来的问题，即每个寄存器是否在物理线路上已与合适的保存/恢复信号相连接？

规则 4.1

必须通过适当的寄存器测试才能验证选择性保持的划分是否正确合理。

此外，必须确定控制信号确实按顺序正确地执行了控制命令，而且唤醒后的器件并没有因为恢复序列而出现功能受阻的现象。也许更为微妙的是，在子集的保存/恢复之间(这里是指在 A 组和 B 组之间)插入的操作并未引起问题。某些方面的验证，例如，想要验证处理器是否能在几十亿个时钟周期中，随心所欲地恢复状态，并不断地沿着其执行轨迹继续运行，是一件十分困难的事情。必须努力创建真正的智能测试环境，以便在状态恢复后，能自动地核对寄存器的内容，以确保在恢复供电后电路的功能确实能继续维持。选择性保持也必须经过测试验证，这种测试至少要遍历预期的所有控制步骤。

推荐 4.2

恢复后的覆盖率(post‑restore coverage)必须以恢复后在操作中使用的寄存器的个数计量。

很自然地，上述讨论提出了这样一个需要研究的问题：究竟应该用哪一种类型的覆盖率评测(coverage metrics)呢？至少，必须沿着图 4‑4 所示的有限状态机的转移过程走一遍。然而，对这样一种方案的真正的测试，还需要根据关机之前和唤醒恢复之后的不同情况对保存/恢复机制进行多次的测试。从这个意义上讲，普通保持方案也存在着相同的问题。在保存/恢复之间的这一段时间(窗口)内，错误发生的可能性使得覆盖率评测变得更加复杂。因此测试计划必须瞄准在这一至关重要的时间段内(窗口)那些具有潜在破坏性的事件。除了在这一时间段内的重要事件外，需要仔细分析的问题之一是要证明在有选择的保存操作之间的这段时间内，寄存器中已保存的数据没有因此而发生相应的改变。同样,在有选择的恢复方面,绝对不能依赖尚未恢复的寄存器工作。

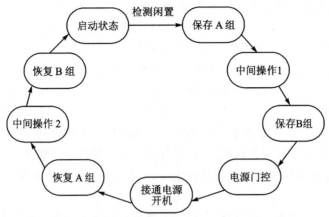

中间操作 1:针对中断的测试——针对保存A组时变化的测试
中间操作 2:针对与未恢复的 B 组有附属关系的测试

图 4 - 4　选择性保持的概念性状态机

规则 4.3

从每组寄存器的状态保存到状态恢复之间的一段时间内必须进行测试,目的是检查想要保存的状态是否能全部正确地恢复,并检查已恢复的状态是否与状态尚未恢复的寄存器组之间存在着牵连关系。

最后的但并非不重要的问题是形式化验证问题。所有与选择性保持寄存器的连接线路必须被证明与 RTL 代码和网表代码是完全等价的。这一话题属于代码编写实践范畴,倘若用人工的方法在分逻辑层次描述的模块内划分选择性保持块,则出错的风险会变得非常大。这是由于在描述功耗意图的文件中,很容易出现人为的错误:在确定和编写功耗意图文件的过程中,人为错误与任何错误一样,很可能是出错的根源。在这里避免人工干预是最好的策略。

82

推荐 4.4

必须在模块层次实施选择性保持,避免在模块内部划分选择性保持的区域。

4.3.2　部分状态保持

在前面关于保持协议低层次验证的讨论中,我们故意不考虑保持方案,架构本身存在如下两个方面的问题:

① 一旦器件前后状态得到恢复,该器件是否能无缝地继续运行?硬件和软件的行为是否有可能出现什么变化?

② 保持状态的寄存器组是否足够齐全,以便保持住所有需要保持的状态?这是

能保持所有需要保持状态的最佳寄存器组吗？

关于第一个问题，人们可以合理地得出结论，就覆盖率而言，定向验证的目标是覆盖所有已知的操作模式和不可预测的事件。

但是，第二个问题比较麻烦。由于保持元件必须占用芯片面积，从而使芯片的成本提高，所以体系架构设计师们努力把需要保持的状态减少到最低限度，这导致了被称做部分状态保持概念的诞生。部分状态与前面曾经讨论过的选择性保持类似，但并不相同。部分状态保持听起来很有吸引力，因为保持元件所占用的芯片面积可以随着需要保持的状态的减少而按比例缩小，芯片成本也就可以随之降低。因为每个保持寄存器会产生漏电，保持寄存器的减少可以降低总的漏电功耗，所以只保存必需保持的部分状态应该可降低待机功耗，并且保持控制的高扇出缓冲单元也可以减少。然而，部分状态保持的设计和验证比较复杂，相比之下，全部状态保持的设计和验证则比较容易。

以微处理器核为例，程序员通常可以观察到处理器内部的一些状态，如寄存器组的值、处理器状态标志，模式信息等。从软件的角度来看这个问题，必须借助于某个硬件状态保持方案，才能将这些状态妥善地保存在硬件电路中，(恢复供电后)软件才能继续执行。而且微处理器核还有一个专用的微架构电路，如预取缓冲器或分支预报器。微架构电路可以提供更有效率的动态执行行为，但在操作暂停时，器件的漏电较多，这是必须付出的代价。若该软件/硬件加速器的状态在电源切断时没有得到妥善的保存，(当恢复供电时)微架构硬件重新加载状态需要消耗电能和时间，这对面积和功耗敏感的设计可能是至关重要的。

任何没有保持但受到电源门控的状态，在恢复供电后将处于任意状态，因此通常不得不明确地重新进行初始化。因为保持和不保持状态之间的相互作用，使得需要验证的状态空间出现巨大的增长。验证空间的巨大增加不仅对 RTL 代码如此，而且对诸如门控时钟优化的实现也是如此，优化的实现是建立在状态全局持续前提的基础之上的。

例如，必须对全部寄存器状态(这些状态已被纳入下一层控制状态项的组合逻辑锥(cone of logic)进行分析，以确保无状态死锁或无状态损坏。这对具有任何现实复杂性的复杂设计通常是不可行的。

读者可能注意到，在选择性保持和部分保持之间有许多相似之处。所谓部分保持，其实也是一种选择，但选择的是从关机唤醒后，在复位域和恢复域之间的一个划分。

如果在设计中所添加的状态保持电路能确保不破坏标准的可测试性和 ATPG 流，这将是十分理想的。这可以确保依赖工艺技术的保存和功能恢复对标准的逻辑测试是透明的。为了做到这一点，必须把保存和恢复电路做成可控制的，调试者能够使用与时钟和复位类似的方法，在测试模式中对保存/恢复机制施加人为的控制。

在测试模式中，把保持控制变成外部可控信号的做法是十分可取的。时钟和复位都是从外部引脚输入到芯片内，并由芯片内的多路复用器控制。我们可以用同样的方法来处理保持控制信号,在 SoC 顶层文件中,编写用于测试模式的多路控制信号代码。若没有外部引脚可用,则必须在编写 RTL 设计的代码时明确地说明测试模式可操纵多路复用器。这种 RTL 代码必须能通过操纵保持控制信号,强迫各区域的保持电路进入无效状态,从而使得标准的扫描测试可以正常地运行。为了产生保持控制信号序列,并确保该信号序列能正确地连接到控制子系统,功能测试向量是必不可少的。

　　总而言之,保持寄存器可能具有来自系统的不同控制信号,但是,RTL 设计应该与某个具体的保持寄存器的特定实现无关。在 RTL 验证阶段,必须理解 RTL 代码行为的许多种差异。与以前的做法不同,在验证过程刚开始阶段,就必须知道状态保持电路准确的目标库协议,以确保验证的准确性。

4.4　保持和验证的体系架构问题

4.4.1　复位和初始化

　　这是作者的观点:为了支持部分保持解决方案,在设计的每一个保持域,应该构建清晰的复位网络。然后,才有可能区分上电复位信号和重新启动信号之间的差异,这些信号都是由 SoC 级电源控制序列发生器直接发出的。

4.4.2　验证状态空间的爆炸

　　带部分保持状态的系统验证总将面临挑战。用 RTL 级和门级描述的代码均假设状态是持续的,或通过循环冗余的多个代码方案直接了当地提供支持。不同的代码方案若生成始终如一的状态,就是正确的,否则就出现错误情况,必须进行系统级的干预或重新初始化。若采用部分保持解决方案,每个功能单元必须都能够被彻底地清除干净并能够重新启动,设计师的责任是指定这些功能和实现这些功能单元的电路结构。尤其是当需要运行多个周期的流水线操作时更是如此。对微处理器而言,这种功能很可能已经很好地设计在芯片的构造中,需要由状态保持控制序列发生器精心地驾御。但是,若不深入了解设计的细节,就想确定某一部分电路可以独立复位,而不至于引起系统的死锁或者保持状态的破坏,则是一件十分困难的任务。

　　总而言之,从验证的角度考虑,全部状态保持方案是十分有吸引力的。而部分状态保持必须深入了解设计的细节,并且必须进行广泛的验证,才能彻底地确认,保持状态并没有因为所有的合法保持状态值,也没有因为实现重新初始化的控制,而遭到局部或全部的破坏。

4.4.3 保持与时钟门控的相互作用

时钟门控是一项旨在减少时钟功耗的技术,在门控使能信号有效期间,时钟信号被锁存(不变),从而降低了电路的功耗。因此,时钟门控电路,存在着某种形式的透明锁存器结构,这种结构不可能支持状态的保持。在全部状态都被保持的设计中,被纳入同一个时钟门控使能的所有状态项,必须对这个使能逻辑值重新评估。然而,在状态部分保持的设计中,所有可能扇入(多层)组合逻辑锥的状态值(the full cone of fan – in logic state value)必须保证其结果的正确或安全,使能或者禁止保持状态被恢复后的第一个时钟。

时钟门控逻辑的插入和优化工具的基础是时钟使能期间的静态分析。例如,如果设计中既用时钟正跳变沿,又用时钟负跳变沿,那么就有可能无法安排时钟的电平。这样做使得锁存使能信号开路,在重新恢复状态后的一个或另一个时钟相位,再次重新评估时钟门控期间的电平。事实上,对全部状态保持设计而言,恢复状态后的那个时钟跳变沿所采集的状态才是真实的,这是为什么我们强烈建议使用单跳变沿时钟的又一个很好的理由。

4.4.4 推　荐

推荐 4.5

除非设计的体系架构已经存在,并清楚地知道该架构是专门为部分状态保持而设计的,千万不要在设计中采用部分状态保持方案。强烈推荐在设计的实现和验证流程中,采用全部状态保持的设计方案。

推荐 4.6

在 RTL 设计中保持和非保持的状态应该各自拥有清晰的独立复位网络。这样做的话,在状态保持电路实现之前,就可以进行功能仿真测试,并给出验证工具,清晰地标记出哪些复位项因子(reset terms factor)被毫不含糊地纳入状态寄存器。

推荐 4.7

为了确保时钟门控锁存状态总能正确地被再次重新评估,只使用时钟信号的单一跳变沿。

4.5 结　论

总而言之,对于哪种状态保持方案才是最有效解决途径的问题,没有简单的单一回答。

对于每一个设计,我们必须了解以下这些要点:

① 休眠/唤醒操作活动表,处理器主要从操作系统调度表、队列和活动设备驱动程序来理解这张表。

② 技术节点*。

③ 降低电路漏电可以产生显著的节电效益。降低电路高速动态操作时的漏电固然能产生节电效益,但节电效益大部分却来自于用高阈值晶体管切断门电路的静态漏电通道,这对于低漏电版本芯片节电效益的提高有较大的贡献,这种节电措施展示了其巨大的潜力和经济价值。

④ 热量分析报表。降低管芯温度任何时候都是减少漏电的最有效手段,而管芯的温度又取决于芯片上功能子系统的动态特性(包括无关的周边 IP 模块)。

⑤ 优化(电路)实现的最合适的边角条件。为了保证满足最坏情况下的时序条件,在把前端逻辑设计正式移交到后端制造工艺时,总是不得不给时序留一些余地,但休眠状态必须根据典型的硅处理工艺的现实温度进行优化**。

⑥ 从元件库和特性的视角看问题。在电压和温度都达到最高极限的恶劣条件下,电路的漏电将非常严重,在这样的极端场合对设计进行优化不一定能找到最佳的解决途径。产品的待机性能相对于别的竞争产品究竟有多好最终是由消费者来判断的。

⑦ 因为涉及第三方软件或者涉及需要长期保持的状态,所以状态保持是非常重要的。从成本/效益分析的角度看,究竟应该选择哪一种状态保持方法更好些,是系统设计师们应该考虑的问题。倘若有适当的 IP 库和设计观点可采用的话,只要编写的可综合代码的风格清晰明了,并且全部状态都保持是可接受的,则在基础的 RTL 设计上再添加一层状态保持电路不存在任何难点。

⑧ 从芯片面积的视角,部分状态保持可能更有吸引力。通常,采用部分状态保持的设计工作不但需要在 RTL 子系统的层次划分上投入更多的工作量,还需要在构造清晰独立的复位和状态重新初始化(非保持)网络上,同时在确认状态划分正确与否的验证方法方面也有许多工作要做。

⑨ 理解在哪里添加状态保持电路是否值得是十分有用的。在主要由数据流驱动的系统中,诸如图形加速或 DSP 流水线中,以及那些主要任务是用处理机从存储器读取数据和保存的参数产生输出的系统中,为了提高系统性能,优化电路结构也许是最好的选择。这些系统可以采用简单的电源门控技术,在系统不使用时,节省漏电功耗。上电时,采用标准的上电复位,返回到功能状态。然而,从系统设计的视角,这实际上是部分状态保持的特殊案例。为了管理电源门控的子系统,某些状态不得不

---

* 这里的技术节点是指芯片所采用的半导体制造工艺技术。——译者注

** 超过一定温度后,由参杂半导体材料制造的晶体管电路的漏电会急剧增大,所以温度增高后,电路必须进入休眠状态,以降低动态功耗,从而降低温度。——译者注

被继续维持在系统级层次上。

总之,状态保持的体系架构设计仍然是体系架构的选择,并对已选定方案进行验证过程中的一个难点。在第 5 章和第 6 章中,我们将讨论如何为所设计的状态保持电路建立适当的测试覆盖。

第**5**章
多电压测试平台的架构

摘 要

在本章中,对多电压测试平台架构的组成,即如何移植到多电压测试平台架构进行了讨论。对组成测试平台的各种组件,也逐一进行了甄别和讨论。这将涉及编码规则、功耗目标和组件库建模等诸多方面。本章的重点将放在验证过程的全面准备上。

5.1 前 言

下面将把阐述的重点放在制定多电压设计测试平台的体系架构上:特别着重从单一电压环境移植到多电压环境的方法学。测试平台的主要目标是建立能对多电压功能特性提供全面有效测试的基础架构。

在本章中将详细地讨论在建立,即移植到多电压测试环境过程中,出现的许多问题,诸如代码的编写、各种组件的建模和文件的格式等。

后面的几章中将阐述测试平台的实际使用方法:生成能达到要求覆盖率的测试信号、断言和有关的话题。

5.2 测试平台结构

电源管理控制系统的基本组成如图 5-1 所示。
- 电源管理单元(PMU):典型的 RTL 模块,或与软件交互作用的一组 RTL 模块。
- SoC 功能块:由 PMU 监督和管理的高效率"控制器"。
- 块级电路:电平换挡器、隔离器件和保持单元。

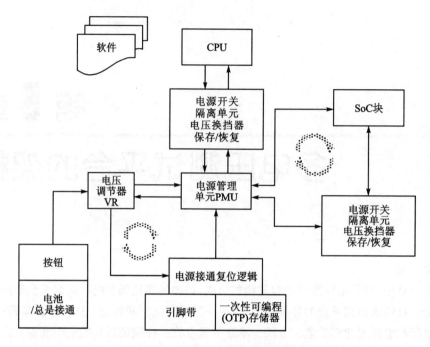

图 5 - 1   电源管理系统的典型结构

- 混合信号电路：电源开关、电压调节器（VR）、电池，以及其他元件。
- 源自混合信号的异步逻辑信号：电源接通复位（POR），和非易失性存储器（NVM）/一次性可编程（OTP）存储器。
- 软件：在 CPU 上运行的执行电源管理功能的代码。

89　因此，为验证上述系统而组成的测试平台必须有一个相应的结构。图 5 - 2 所示对应于上述电源管理系统的一个验证系统。请注意，经常还有与电源测试平台结构无关的实体和被测试设计的实体，所有这一切整合成为一个完整的验证系统。

5.3   组成测试平台的部件

90　让我们更深入地研究电源管理系统的各个组件，如图 5 - 2 所示。

5.3.1   软件代码段加载器

这是一个测试激励发生器，产生虚拟的 CPU 取指令信号。目前大多数 SoC 测试平台都有这样的模块。然而，低功耗测试平台的不同之处在于该模块还必须适当地考虑执行电源管理操作的固件。

需要测试的一些典型子程序如下：

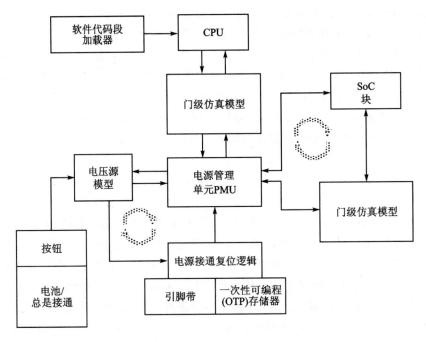

图 5-2 电源管理系统验证平台的典型结构

- 启动和初始化子程序,特别是系统上电和断电部分的子程序。
- 负荷预测,检测和电压调度子程序。
- 中断服务子程序(与电源管理有关联的)。
- 定时器/状态位的监控子程序。

仅仅递交固件,然后不再继续下去是不够的! 例如,某些测试强制执行特定的让电源域执行供电/断电操作的代码段,或插入设备进入适当状态的代码段。虽然这种做法有一定的优点,它并非是真正的电源管理控制回路。这样做有一个缺点,即运行软件的 CPU 和存储器接口/存储器本身有可能处在某个低功耗或待机状态。最好能对控制系统总体进行验证,即对触发状态转移的硬件/软件,以及执行和监测状态转移的软件进行验证。

规则 5.1

必须用触发电源管理软件的控制回路对电源管理软件进行测试。

就软件测试而言,还必须验证的其他方面是资源或电源的需求有可能出现冲突的地方,这些方面的验证至关重要。例如,在电池电压过低的情况下,有可能出现设备关机,或进入待机状态,但遇到这种情况,可通过电话呼叫或发出聊天信息引起用户的关注。关机顺序不完整,但冲突要求放弃关机,这种情形被简要地描述在如下的论文中:《复杂低功耗设计中多电压验证面对的挑战,SNUG 圣何塞 2008 年》[6]。

在有多个处理器的设计中,子系统的软件执行或硬件事件有可能在系统的不同层面触发多个事件。举这样一个例子:将一个数字多媒体设备,通过 USB 端口,插入计算机。这种系统往往十分复杂,并可能导致系统级的死锁。

在一般情况下,对电源管理软件子程序的覆盖率做出有意义的度量是十分困难的。然而,可以把由软件使用的寄存器作为有意义的覆盖元素。一条 VMM 应用程序,例如应用程序 RAL,可以被用来管理覆盖率的度量。RAL 的好处在于它能够产生随机的激励和应力测试信号,在不同的条件下进行仿真。应用程序 RAL 也使得子系统的管理更加容易。在待测试的设计(DUT)中,寄存器空间早已是分层次的,必须认识到软件中的分支和其覆盖率的度量是同样重要的。

5.3.2　CPU

在大多数 SoC 的验证过程中, CPU 位于系统芯片的内部。RTL 模型通常被整合到待测设计(DUT)中。然而,问题一旦出现,在仿真时,需要把 C 或其他预编译的模型作为插入件。这个方法通常可改善仿真性能。然而,这种仿真模型通常有两个缺点。它们严格地按时钟周期的节拍运行,因此,对在电源管理序列中的异步事件不能很容易地做出及时的响应。因此,它们不能很好地反映电源管理中存在的问题。而且很难在 C 模型的内部对当前的电源技术指标进行划分。许多个 CPU 内核,现今除了缓存以外,其他所有部分的供电都被切断,这个 CPU 此刻就处于低电压(V_{DD})的待机状态。这样的划分或者行为,很难反映在仿真模型里。

例如,设想 CPU 中有一个控制寄存器,电源切断和唤醒后,没有对该寄存器进行适当的复位。在 C 语言描述的模型中将不会显示此复位行为,因此仿真继续执行,而在 RTL 仿真中,根据破坏的寄存器值,仿真将停止运行。

规则 5.2
为了应对电源管理事件,必须对未被多电压语义覆盖的行为模型做相应的修改。

推荐 5.3
使用表示待测试设计(DUT)内部组件的 RTL 模型,来进行电源管理的测试。

5.3.3　仿真模型

诸如隔离元件、电平换挡器、电源开关,和保持元件,这样一些元件,没有必要出现在 RTL 代码中。允许用户在附属的文件中,指定这些元件期望的低功耗标准,如 IEEE(P)1801。当对设计进行仿真时,必须应用适当的语义,以确保仿真结果的准确性。虽然对这一点本身不存在任何问题,但验证过程必须考虑这些语义之间的差别和技术库中元件的实际行为。在保持元件的场合,这一点特别突出。电平换挡器和电源开关的行为同样令人担心,这两种元件基本上属于混合信号电路。隔离元件通常不是问题。然而,某些有低功耗期望的方案可能无法定义基于锁存器隔离(LKGS)的复位信号。只有极少数人掌握其奥妙功能(如多使能控制和测试模式重写)的隔离元件,可能还需要建立更好的 RTL 仿真模型,并且在进行 RTL 仿真时,使其能有更大的覆盖率。

92

最有意义的仿真模型之一是为电压调节器(VR)建立的仿真模型,该模型也可以有效地用作电源开关的仿真模型。这两个模型都是对电源管理单元发出的控制信号产生响应的电压源。图 5 - 3 所示为一个通用的电压源模型。

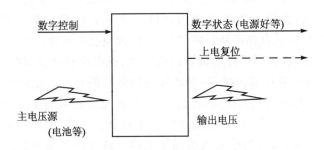

图 5 - 3　基本的电压源模型

请注意,主电压源和输出电压两者都是实际数字,而且在不断地变化着。根据电压源模型的建立方式和所使用的语言不同,这个模型的实例也有所不同。但是,需要注意的关键问题是数字控制必须源于某个不依赖于输出电压的信号。输出电压必须参照(对应于)数字状态和上电复位。

这个模型所需的参数/输入如下:

- 从输入电压到输出电压的转换功能。
- 用于表示输入时间的触发点和表示数字状态信号的电压。
- 数字控制的解释和时序。
- 用电压和时间表示的仿真步阶,以产生连续变化的效果。

用上述方法为电压源建模是十分方便的。这个建模方法使得可以与连接电池一样,或与在表示级连的 DC - DC 稳压器或电源开关期间,连接其他主电压源一样,把某个主源连接起来。这个方法还可以产生两种响应,即数字和模拟两种响应,并把其整合到覆盖测试向量中,直接对来自于 PMU 的数字控制信号做出响应。

电压调节器的转换函数是十分重要的。人们可能把转换函数看得如下语句描述的那么简单:

93

```
// 电压输出函数
if (0.5 <= Vmaster < 3.0) Vout = Vmaster * 0.5;
else if (3.0 <= Vmaster <= 3.6) Vout = 1.8;
else (message: Vmaster is out of range)
// 简单函数
```

但是,实际情况却比较复杂,电压调节器模型中还需要考虑以下几点:

- 从实际参数推算具体电压时的延迟反标注。

- （特别是布局后的）电压升高（或衰变）曲线的局部线性近似。
- 注入下降/尖峰以响应特定的强制性条件；例如，把主电压下降 12 ％，以响应接收到电池电压降低的指示，或响应某个大域的电源突然接通时造成 V_{out} 的下降。
- 注入随机的变化，以反映输出电压的实际误差范围，如输出电压 V_{out}，在 1.62～1.98 V 范围内变化，其电压值有一定的随机性，而理想的输出电压应该是 1.8 V，则输出电压的误差范围为 10％，而不是恒定不变的 1.8 V。

这些电压源模型的一个有趣应用是仿真非易失性存储器元件（诸如可配置 ROM，激光熔断的位或存储器修复的位）的电压源模型的活动。通常情况下，随着输出电压 V_{out} 的增加，存储器元件中设置的位有效，根据这些已设置的位，可以唤醒芯片或电路块。例如，当被编程时，存储器修理位激活的是这一组地址译码器的选通线，而不是另一组地址译码器的选通线。该芯片或电路块可能在 16 KB 高速缓存配置中唤醒，而不是在 32 KB 配置的高速缓存中唤醒。通常，这些位并不需要特别的仿真模型，除非在 RTL 代码中实例引用了某些特殊的必须要有底层仿真模型支持的宏组件。在大多数情况下，这种电压源模型足以完成控制系统的仿真，只要沿着电压逐渐增加的途径（相当于在仿真中重新初始化这些位）适当地激活那些位，并且验证该芯片/电路块已确实达到了想要的配置。

在随本书提供的可从网上下载的范例中，读者可以找到几个通用电压源模型的源代码举例。这些例子的目的是想说明如何为闭环控制的电压源建立模型。

5.4　编码的指导原则

正如可以预期的那样，待测试设计（DUT）的代码和测试平台的代码是如何编写的，都将对电源管理产生重大影响。本节包含了低功耗设计代码编写中的一些问题和指导原则。把现有的代码或者编码规则移植到低功耗设计中通常都会遇到这些问题。测试平台的代码和待测试设计（DUT）代码都涉及这些问题。

5.4.1　X 值的检测

编写测试平台的目的之一是检测各关键信号是否会出现表示逻辑电平不确定的 X 值，一旦发现 X 值，就给出错误信息提示，有时甚至突然结束测试的过程，同时报告仿真出现错误状态。这样的测试平台是与低功耗设计实践相冲突的，低功耗设计依赖不确定值 X 和高阻值 Z，来反映关机时的逻辑值。目前编写测试平台代码实践的最常见的改变之一是修改这种由关机引起的 X 检测子程序。

5.4.2 X 值的传播

RTL 代码通常只能用在两个逻辑状态(即 1/0)的仿真中,它不能正确地传递不确定的逻辑值 X。如果仿真语义破坏了寄存器,例如,逻辑值恢复不当,则永远无法用测试案例观察到被放置在寄存器中的逻辑值 X。此外,在 RTL 代码中不会出现 X 值的传递,但是门级仿真确实会产生不确定逻辑值 X。幸运的是,能捕获 X 值传递的大部分结构,可以由 linting 工具来检测。

推荐 5.4

在 RTL 代码中应避免不允许逻辑值 X 传递的语句结构。

推荐 5.5

在仿真的结果中可能无法发现仿真的失败,因此必须编写断言来检测这种情况。

5.4.3 硬线连接的常数

对初学者而言,考虑在 RTL 代码中到处都有的 1'b1 和 1'b0 常数。在整个芯片(或至少内核)中只有单个电源电压和单个接地的日子里,有 1'b1 和 1'b0 这两个逻辑值已完全够用了。然而在当今的多电压设计中,已经不存在单个电源电压(V_{DD})或单个接地这样的事情。

此外,诸如背偏压线网或保持用电源的轨线,甚至有可能不会(驱动)输出逻辑值 1 和 0 。它们输出的电压可能是与 V_{DD}/V_{SS} 不相等的任意电压值。若把它们声明为 Verilog 语言中 supply 1/0 这样的线网,就会产生问题。

请注意,新出现的标准(诸如 IEEE(P)1801),即统一的电源格式(英文缩写为 UPF)定义了可以分配给它们的电源线网/轨线和类型/值。这样做缓解了分析电源网线和它们连接中的一些困难,但避免硬线连接常数的重担仍然需要 RTL 级设计师来承担。

在大多数情况下,正确的回答看来是连接到本地标准单元的 V_{DD}/V_{SS} 上,诸如上述声明的 supply1。这样做在大部分时间里可以正常地运行,尤其在静态多域的设计中更是如此。但是,在电源门控域,在那里无论是源电压 V_{DD},还是被开关的电压 V_{DD} 都被视为图 5-4 所示的 supply1,无论把哪个 V_{DD} 连接到 1'b1 方面都是合法的,但不一定都是正确的。

此外,请考虑常数被跨越连接到设计的另一个域的情况。布局和布线工具特别注意设法用"平面"的设计观来解决这个问题。最恶劣的场合是:上层(父)模块是在一个电源域,然后,实例化常数却在另一个域的模块的端口。

请注意,综合工具和物理综合工具将把常数优化掉。但这样的做法对某些多电压设计可能会产生错误。因此必须根据不同的情况,采取不同的处理方法,若常数为局部的,则关闭常数,若常数与其他域有互动,则不能关闭常数。

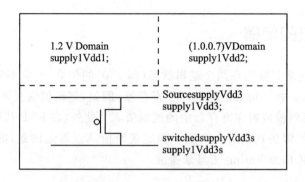

图 5 - 4 多个 supply1 类型的线网

创建 TIE_HI_VDDx 或 TIE_LO_VSSx 类型线网是一个有效的解决方法。这将迫使 RTL 设计人员明确地识别这些常数,并透彻地思考这些常数的含义。这也将为验证工具和实现工具提供清晰的指导。

为了更好地总结本节的内容,提出以下两条多电压-低功耗设计的基本规则:规则 5.5 和规则 5.6。

规则 5.5

不使用硬线连接常数,而使用 TIE_HI_＜名称＞ 或 TIE_LO_＜名称＞ 类型的信号,清晰地标明想要建立的连接。

规则 5.6

确保常数不跨越域边界。必须对这些常数的行为做跨越所有源的全面分析:即这些常数是否做了目的地状态组合。若要进行目的地状态的组合分析,则可能需要添加一个电平换挡器(造成浪费)。

5.4.4 端口列表中的表达式和边界文件

这是指端口列表中的实际表达式。例如,考虑下列代码段中所包含的代码:

```
myreference Inst_myref (.input_pin(sigA && sigB)//..
```

这条语句即使编码风格不算太好,也是一小段完全符合语法的 Verilog 代码。但是,考虑到 Inst_myref 被划分成与其上层(父)模块不同的电源域。这令我们感到迷惑,端口列表中的表达式究竟属于哪里? 如何施加电平换挡和(/或)隔离。在传统的方法学中,这样一段代码最有可能被综合成为上一层(父)模块中的一个门。然而,若继续把上述代码段写成如下的形式:

```
myreference Inst_myref (.input_pin(sigA && sigB), //..
                 .output_pin1(sigA),
                   .output_pin2(sigB), //..
```

sigA 和 sigB 实际上是 Inst_myref 的输出信号。在这个情况下,由综合而生成的门位于上层模块中的约定就没有什么道理,而如何解决这个问题立刻就变得十分复杂。

推荐 5.7

在电源域边界的端口列表中避免使用表达式。它们很可能生成不当的技术规范,因此很难验证。

同样,电源意图相关文件中的那些表达式是极其危险的。这些表达式也许不能被正确地综合,也不能如要求的那样得到验证/覆盖。

5.4.5 触发器的第一级

有些设计的第一级逻辑是存储元件。这一向有助于确定时序,但若包含逻辑的电源域被关断,而数据发送器仍然有电源供电,则在这种场合,该设计不能很好地运行。实际情况是:若触发器的第一级是一个传输晶体管,则该设计将立刻出现危险。

考虑如下情况:在最终目标库中,有一个元件,该元件的第一级(D 输入或扫描输入)连接一个传输晶体管,如图 5-5 所示。当活动域驱动该连接时,而此刻第一级为传输晶体管的触发器所在的域的电源已被关闭,因为门的状态不明确,则有可能出现潜在的电流路径。通常会造成电力的浪费,在很少发生的极端情况下该潜在电流也可能导致器件出现故障。

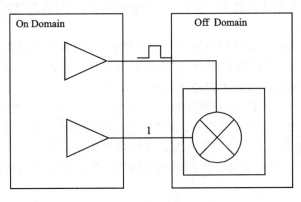

图 5-5 潜在路径的危害

传输晶体管门的状态取决于时钟条件。若连接该域的时钟在摆动,则该时钟可能(潜在地)与第一级为 CMOS 传输晶体管的许多个门连接。这表明,虽然该域已被关闭,仍旧有许多个电容在充放电。若由外部时钟直接驱动这些电容,则这可能使前面描述的传输晶体管导通。这种情况会造成电源的浪费,必须加以避免。下面列出的是编写 IP 模块或分级模块代码的几条规则。

规则 5.8

若某域即将关闭,除非使用输入隔离,否则不要使用该域的第一级触发器。验证工具必须确保上述情况属实。

98

规则 5.9

若该域即将关闭,则必须确认时钟门控信号已将第一级置为无效。第一级置为无效是指 CMOS 门的连接,或与其连接的传输晶体管必须关闭。

规则 5.10

确认第一级为传输晶体管的元件不会被用在域的边界上。

5.4.6 监视器/断言

编写测试平台通常是为了监测代码中的各种功能。同样,在测试平台层面或在底层模块的代码中,也可以编写断言。不幸的是,在编写这些断言或监视语句时,大多数情况下,并没有很好地规划,考虑到多电压架构。当把这样一个测试平台/环境移植到多电压场合时,验证工程师可能会遇到许多棘手的情况。

首先,考虑直接访问层次命名线网(这是一种不良的编码习惯)的监测语句。若该域即将关闭,这些线网可能会被赋为 Z 或 X 值,监测语句将起不了作用。

同样,在关机条件下,断言可能起不到应有的作用。它不是如同在代码中某个信号为 X 和 Z 值那样简单。现实情况是电源状态的转换如关机过程,必须经历关机前后的多个管理事件,例如时钟门控,多个复位和保存/恢复序列。监视器或断言语句集合必须安排并考虑这些暂态。实际上,在电源状态表中,需要把新的断言和监测代码的因素考虑在内。

广义地讲,监测/断言代码中的改变是这样的:可能存在总是在监测某个块的代码;为了监测暂态,当块被关闭时,监视语句被关闭(smonitor off),而且当块被关闭,但还需要监测暂态,监视语句是开启的(smonitor on)。

把这一概念进一步扩大,可能迫使测试平台层面上的语句做跨越模块的引用。需要特别的努力来建立引脚带选项、器件 ID 位等才能做到这些。在关机和保持的场合,这些强制性语句十分可能与仿真器正在做的任何赋值语句发生冲突。若不做低功耗设计,绝不应该使用跨越模块的强制性语句。低功耗设计为使用这个构造添加了更多的困难。

99

5.4.7 初始化

几乎每一个测试平台的基础设施都利用初始化块。通常情况下,初始化语句被用于加载存储器,设置常数,以及设置仿真结束时间/停止时间。

在这样的场合,即初始化块(带有如 readmem 的结构)被用来描述默认为关机,后来才被唤醒的块的场合,任何初始化操作都必须被推迟到实际唤醒的时刻。同样,对于可以被关断的块,在每次上电后,必须重复执行该模块中任何存储器的初始化操作。此外,这种初始化操作必须对任何施加到该块的复位信号敏感,而且对电源敏感的握手信号也敏感。这个握手信号往往是隐患的源头,所以最好避免这种基于初始化的存储器读取(sreadmem)。至少有几个测试必须覆盖实际的基于硬件的初始化序列。

　　与此相反,寄存器中的内容,诸如非易失性存储器位,激光熔断位,以及一次性可编程位,必须不被关机所破坏。很不幸,首先当前的硬件描述语言(HDLs)没有提供描述这种寄存器位行为的仿真语义。在低功耗设计时代,认可并支持这样的位是准确验证所必不可少的。请注意,这些位不是立即被唤醒的。随着开机上电,沿着电源轨线的电压上升,有一个激活点。此外,协议往往涉及电源良好信号和复位信号,以锁存这些位,这更进一步增加了如何验证这一机制的复杂性。

　　把这一概念进一步扩展,对任何形成行为模型或采集数据的 PLI(编程语言接口)子程序(包括调试/覆盖子程序)而言,必须了解其关机条件。例如,CPU 的仿真模型可能是用 C 语言建立的,隐藏在一个黑盒子的包装内。CPU 的关机完全避开了这样一个模型。事实上,这种模型也许不只是在准确关机的行为,也可能在唤醒或复位的行为中也同样存在着隐患。

5.4.8　状态保持

　　状态保持操作必须有一个作用于顺序元件的全新语义与之对应。考虑一个顺序元件,例如被赋予保持值的触发器:在这种情况下,触发器的结构也许是一个由时钟正/负跳变沿(posedge 或 negedge)触发的用 Verilog 代码描述的 always 块。然而,想要实现的行为却是当该域将要关机时,必须把一些附加的保存/恢复信号线连接到实际的顺序元件上,以便实现该位的保持和恢复。

100

　　有无数条途径可用于保持元件的实现。根据保存/恢复要求而制定的协议,针对保持元件的不同实现途径需要做一些修改,而且这些修改会影响时钟和复位(以及在某些情况下的扫描)的行为。同一个 RTL 模块,根据实例引用元件的实际行为,可能不得不做不同的仿真。例如,复位信号可能清除触发器的输出,但不会清除掉保持元件中的内容。此外,为了刷新保持元件本身,可能需要有一个专门的复位引脚。

　　另一个复杂性在于原始的 RTL 代码首先没有被局部实例引用的保存/恢复引脚。这意味着,这种"连接"是由旁边的电源意图文件实现的。虽然对设计总流程而言,这是十分方便和有用的,但是 RTL 和门级仿真的结果却可能因为保存/恢复信号在网表中是如何连接的有一些差别,而有所不同。

5.4.9　同步器

　　常见的做法是对跨越不同域的异步信号进行同步处理。然而,电源管理控制回路涉及许多异步信号,这些异步信号的状态是与电源管理单元(PMU)相关的。虽然仍然可以使用同步器,但必须承认,也许要在信号路径上添加隔离锁存器,这使得同步器多少有些冗余。此外,在等待唤醒事件时,由于对同步器的时钟进行门控,该设计可能进入死锁状态,因为唤醒事件从来就不能越过时钟门控的同步器。

5.4.10　单元命名保护

通常情况下,隔离单元只是与门/或门,或者是与非门/或非门而已。然而,把正常的逻辑单元与隔离单元分开是十分困难的,尤其是想检测出那些门是插入的冗余隔离时,更是如此。域边界上的信号,相对于隔离门的信号而言,很少有含糊不清的地方。若冗余的门没有被检测出来,很可能造成相当危险的功能事件。因此,最好有专用的隔离单元,或把用作隔离的基本门包装在一起。这种包装使得我们能对冗余门进行静态检测,并很容易形成可识别的覆盖点。

5.4.11　关机代码的激活

这虽然不完全算是编码的指导原则,但确实是一个值得注意的语法/语义现象。设想有如下所示的一段 Verilog 代码,这段代码实现了一个组合逻辑方程。若该 always 块位于关机域,并且信号 inputsig 源自于开机域,则仿真的结果可能是错误的。请考虑这样的情况:即当包含表达式的块处在关机状态时,此时 inputsig 从 0 变到 1 的情况。在关机期间,outputsig 被赋予的逻辑值将是不确定的 X 值。一旦关机状态被解除,该块被唤醒,而在传统的硬件描述语言(HDLs)中重新计算的正常逻辑值却并没有定义。这个问题可以通过仿真的支持,或者,当停机模式时,用表明输入切换的断言来解决。

```
always @(xinputsig)
 youtputsig = xinputsig; *
```

同样地,Verilog 并非天生就有这样的机制,即用代码来描述异步复位的全部行为。它只能在复位信号的跳变沿时刻,触发复位操作。这造成了电源管理方案中的问题,在关机块恢复供电之前,复位信号有效,以便该块在复位功能状态被唤醒。当逻辑处在关机状态时,复位的跳变沿被屏蔽掉。在唤醒时,复位信号早已变为低电平,但 Verilog 描述并没有开始重新评估在该域的寄存器值。避免使用异步复位是不可能的,但用户必须确保其低功耗的验证解决方案能妥善地处理异步复位。

5.5　低功耗元件库的建模

为了满足低功耗设计的需求,可以想象,传统元件库中的模型都需要更新。这些

---

*　原文中的出现 x 和 y,可能是编排错误。——译者注

模型中既有用于电路实现的结构,又有用于验证的行为,互相交织在一起,更新起来相当麻烦。因此,在整个设计流程中,对某个具体元件,这两套工具必须始终如一地使用同一个信息。

我们可以首先确定,元件库中的两个主要区域,需要进行修改。其中之一是在元件库中增添电源管理单元,例如隔离单元和电平换挡单元。第二是修改现有的标准单元,以适应这样一个事实,即低功耗设计应该有多条电压轨线。

[102]

5.5.1　电源管理单元

像隔离单元那样的单元,若只从外观上看,它跟与门/或门,或者其他的标准逻辑没有什么差别。电平换挡器则可能被误认为是另一个缓冲器。然而,这些单元的设计和开销往往与普通逻辑单元有相当大的差别。另外还有一些单元,如电源开关,是全新的。我们不仅需要在库文件中添加这些单元,还需要为这些添加的单元设置合适的身份识别属性。例如,隔离单元可能有一个被设置为 true 的"is_isolation"属性,或者类似的其他属性。

此外,这种单元的引脚也需要特殊的识别属性。想象一下,例如,隔离单元有一个用高 V_t 电压植入的保护输入,以便更好地抵御来自于关机岛的浮动输入的波动。这意味着被连接的数据必须与某特定引脚相连接,而不能与隔离使能互换,尽管人们可能被诱导认为该隔离单元只不过是一个逻辑对称的与门/或门。这种单元的属性是需要识别的。因此设计工具必须能理解这个属性,并检查在设计中,该属性是否正确地实现了。

另一个例子是隔离使能信号在单元中被反相了。我们不仅不应该将该数据输入连接到这个引脚(这将造成一个无隔离的内部信号输入到该单元),而且必须在综合、静态分析和验证过程中明确地考虑这个信息的影响。

带多个轨线的单元,如电源开关、电平换挡器、电荷泵等都需要区别源方和输出方多个电压轨线的强大识别标记。从逻辑上,两个网络都可表示为"supply1",但这里的具体电路存在着巨大的实际差异。

在传统库元件的表示中添加功能属性也是一个很典型的方法。因为有时电源管理单元的功能与混合信号的行为十分类似,所以给电源管理单元添加相应的功能属性将变得十分复杂。因此必须承认,某些单元可能没有正确的功能模型。此外,为电源管理单元建立仿真模型时必须十分小心。单元的电源轨线和地轨线是否必须被包括在仿真模型中是一个有争议的话题。尽管在标准逻辑单元的场合,答案看来显然是肯定的,而在电源管理单元的场合,答案并不太清楚。这是因为电源管理单元的这些功能,从设计的角度看,是十分复杂的,而且其功能将随着电压的变化而改变。此外,现有的仿真模型都是用 Verilog 语言描述的,而用这种语言很难描述混合信号的行为。此时,为了更好地说明这一问题,我们已提出描述电源管理单元行为的多种标准,因为用语句描述这些功能是至关重要的。

这些单元依赖动态电压的行为会导致另一个问题,即如何表示这些时序关系(timing arcs)。首先,必须对新的时序关系(timing arcs)集合进行标准化。必须用标准库格式来描述这些时序关系,并把它们以属性的形式归入这些单元的行为模型中。

虽然前面所有的讨论看起来好像主要集中在静态验证上,请考虑前面的例子,在这个例子中,把数据引脚与隔离使能信号相比较,它们各自具有不同的属性。在这种情况下,为比较这些信号相对时序而编写的任何断言必须施加在适当的引脚上,在较大的设计中,编写这些断言可能是相当巨大的任务!

保持单元提出了另一个难题,即保存/恢复关系如何建模?鉴于从这个库到那个库,每个库中的保持方案有很大的差异,如何用一个共同的格式来表示这些不同库中的保持单元,以达到不同库中保持单元行为的一致性呢?当今,单元库的供应商已经开始推出带有许多新属性和新功能的保持单元,这些保持单元必须通过静态和动态验证才能使用。

5.5.2 标准逻辑单元

因为设计中存在多个电压轨线,所以标准逻辑元素,如缓冲器和与非(NAND)门必须修改,对这一点,不是马上就能明白的。这一方面的变化,对每个单元而言,主要是必须存在与该单元相连接的电源轨线和地轨线。

把电源轨线纳入单元模型的动机是基于如下事实:即这些单元必须明确地连接到许多个轨线网络中的一个,而且那个连接必须得到验证。因此,在验证过程中必须根据某些标准属性,独立地推断电源线网的连接。背偏压的引入是另一个这样的增加项,除非引脚本身此刻呈现在单元的表示中,否则背偏压引脚将会增加路径的开销。

其他的因素是,单元的延迟和功耗特性随电压而改变。这意味着,在设计的不同阶段,需要用配套的相应单元库进行仿真分析。

仿真模型必须考虑当前施加于单元的电压可能会改变的事实:目前,大多数模型只考虑电压的开/关行为。对这些单元模型,超出开/关动作,强制实施电压依赖的行为,则取决于各种不同的仿真工具。

5.5.3 用户自定义宏组件

在多电压设计流程中,用户自定义单元(例如1/0衬垫、存储器和模拟块)呈现一些独特的问题。这些单元通常在没有驱动轨线或主电源的提示情况下,连接到多个电源轨线上。在这些单元中,轨线可能实际上驱动了不同的域,或者可能是非功能性的参考轨线,如引用的模拟电源。此外,任何数字输入,必须涉及某个电源电压。同样,数字输出也必须涉及一套驱动轨线。输入可能已经受到保护,即在某些状态时,出现期望插入的电平换挡器和隔离单元。总而言之,此刻,这是一个带专用(ad hoc)表示方法的棘手领域,但对引脚级属性和仿真行为而言,新的标准正在出现。

请注意,用仿真行为的术语,本章前面介绍的通用电压源模型可以很容易地被扩展为这些单元的表示。然而关键是这些模型的合法性;必须随着设计和宏组件的输出过程来建立这些模型。

使用自定义宏组件,对宏组件短暂行为的约束会造成新的麻烦。例如,考虑带内建背偏压机制的存储器。外部电路只有一个作用于待机引脚的逻辑1,如图5-6所示。

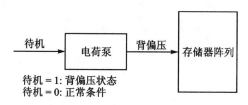

图 5 - 6　带内建背偏压特性的存储器宏单元

在宏组件整合时,尽管该宏组件并未连接到多个轨线,这样的宏组件必须能反映多电压行为的真实的约束。这个宏组件可能还会有不同的实现约束,如对电源网格的需求,待机引脚的时序关系,和时钟门控条件等。不幸的是,这种属性大多表示为专用的属性。从短暂的时间角度来看,我们可以期望见到当待机引脚为0后变为1,并维持了一段时间,对电路活动的约束。因此,IP组件的提供者必须确保最终用户能充分理解所有这些约束。

规则 5.11

即使整合并没有违反顶层电源意图,也必须验证IP组件(块)是否符合其原始的设计特性。

例如,考虑图5-6所示的存储器。如果在待机时刻,原始设计禁止这个块的电源门控,这样一个"状态"限制条件,可能没有反映在顶层整合的电源意图(的合法状态)中。然而,只覆盖电源状态和转移将不能充分验证设计的这个方面。

推荐 5.12

IP组件的设计者必须为最终用户提供足够的断言和覆盖点,以验证低功耗状态和功能。

5.6　结　论

简而言之,多电压设计为单元库的建模和使用方法,带来了意义重大的变化。新单元库的属性和标准[3]、[4]已经反映了这些变化:然而,关键在于我们前面提到的这些内容。对这些新属性始终如一的解释和全面的测试,无论对设计和验证过程都

105

是至关重要的。

　　正如用户可以看到的,制定一个可驾御的多电压试验规范,是一个相当大的变革。精心策划的测试架构并移植到多电压测试,对于验证的成功确实是至关重要的,这些是第 6 章以及第 7 章将要讨论的问题。

第**6**章
多电压验证

摘 要

　本章详细地探讨了静态和动态验证。我们首先讨论作为设计流程一部分的静态 107
验证,然后再转入探讨动态验证。本章还讨论不同设计阶段的流程。

6.1　前　言

　　在上一章中,我们考察了从测试平台和 RTL 到版图的不同抽象层次的验证准备工作。在本章中,我们将讲解基本的验证步骤和流程,包括静态和动态两种验证。第 7 章,"动态验证",将集中深入到动态验证领域。尽管在电源管理设计中,动态验证需要大量的准备和基础结构,但也需要大量的静态验证来找到那些不需要运行测试向量就可以检测到错误。因此,我们的问题是:验证电源管理的目标究竟是什么?

　　从验证的观点看,这个目标经历了不少演变。由于出现了能感知电压的逻辑分析,所以目前验证工程师可以确信:只要待测设计一连接到系统中,就可以像预想的那样正常工作。在第 5 章"多电压测试平台的架构"中,所有的努力都是为了确保能够拥有一个可以对实际系统结构和由电压变化带来的电性能影响进行仿真的测试手段。

　　那么,我们究竟应做些什么具体工作才能确保待测设计能按照预想的情况工作 108
呢? 最重要的工作首先是,检查设计结构的连接是否正确无误。这个任务涉及很多的检查,但这些检查都可以静态完成。然后,着手验证电源管理单元能否按照预想的那样工作。但是,那只是工作的第一步。我们真正追求的是要确保待测设计在所有的电源状态下都能正常地运行,并且可以按照预想的顺序执行所有的电源状态转移。这是一项复杂的任务。尽管在当前的技术条件下证明待测设计真的能节省功耗是相当困难的,然而,还必须承担证明设计绝不会进入电气不安全状态的额外重担。一块集成电路,虽然其功能正确无误,然而消耗过多的电能,甚至有时会烧毁,是没有多大用处的。

规则 6.1

验证工作必须首先集中在设计的电气安全性上。

概括地说,在 SoC 的运行过程中,必须验证其在所有电源状态下的功能都是正确的,并且能按预想的顺序,执行所有预想的电源状态的转移。此外,还必须尽早确定是否有任何不安全的电气状况或者电流消耗过大的情形。对验证工程师的挑战是,要确保把这些验证目标转换成有效的覆盖向量、有针对性的和随机的测试激励,以及断言。

尽管我们试图把静态验证和动态验证看成两个分离的独立活动,但在解决手边的问题时,把它们放在一起考虑是很有帮助的。静态验证可以用于判断设计结构是否正确,然后,再通过动态测试,更进一步地验证设计的正确性。当用静态测试来检测时序错误,而非纯粹的结构性错误时,必须配合动态验证。在形式化分析中使用动态验证的结果,并编写与动态验证结果相关的断言来寻找错误,采用这样的验证流程,同样是十分有益的。

然而,目前大多数的 IC 设计团队被分为验证小组和实现小组。随着设计流程各节点新网表的生成,通常由执行小组来完成静态验证。这个惯例在多电压验证中就不再有效。只完成动态验证单项任务的小组就可能要花费大量时间来检测和调试原本可以用静态检测找到的错误。

推荐 6.2

通过静态检测可发现的任何错误都必须在执行动态验证前改正。动态验证必须负责查找静态检测发现不了的任何错误。

推荐 6.2 不是条规则,但应将它作为规则对待。发生这种情况是有实际原因的,即团队的组织方式可能有所不同,某些团队可能想要平行地同时开展静态和动态两项验证任务。然而,究竟等到什么时候才能正式把静态可检测到的错误找齐全呢?当然,除非动态验证能巧妙地把注意力集中在其他问题上,否则根据常识,应该把静态错误查全后,才能启动动态查错。

6.2 静态验证

关于静态验证首先要记住的是它主要检查结构是否有错,但不必非检查到门级结构不可,这是一个经常被误解的概念。静态验证另一个很有趣的方面是并不需要检查不得不经常修改的功耗意图。静态验证本质上是三个实体的交叉产物,即设计结构、功耗意图和库元件(元素)。不考虑抽象层次的话,静态验证包括了这三个实体的验证。附录 B 全面地列出了可能执行的静态检查。本章将把注意力集中在静态验证过程上。

6.2.1 RTL 静态验证

传承下来的流程中采用在 RTL 代码中通过脚本或者人工方法插入保护元件。而在当前以降低功耗为目的的设计方法学中,保护元件被安排在附属文件中自动插入。无论采用传承的或者当前的方法,在需要插入保护元件的地方,已有的(或想要插入的)保护元件必须经过验证,符合规则 3.1a 才可使用,这条规则声明所有的立体交叉必须插入相应的保护元件。

设计过程的这个阶段也可以被用于验证功耗意图是否完整和一致。例如,一份没有把某几个设计模块划分到相应电源域的功耗意图文件,或者一份包含不正确的库元件选择命令的功耗意图文件。

此时,大多数动态验证正好发生在 RTL 阶段。因此,在设计的这个阶段是做形式化分析的大好时机,尤其是在与仿真联合运行的情况下。即使在没有任何交互的情况下,也有可能分析用于实现功耗意图的架构,以发现设计隐患,例如没有全部关闭状态,或者想要实现太多轨线切换的(电源状态的)转移。在某些静态工具的商业版本中,岛的时变顺序可以被用来推导出合法的状态表,反之亦然。

在普遍采用 IP 集成的时代,RTL 静态验证还有一个用处。在目的地有供电的情况下,静态检查可以发现那些对来自于目的地供电已被切断和待机状态源的控制信号的依赖,尽管这些错误在本质上是非持久的。时钟信号、复位信号、电源门控信号,以及隔离控制信号是 4 个至关重要的必须检查的信号。然而,每个待测设计(DUT)都是独特的,需要检查该 DUT 几个专用的信号。

110

例如,如图 6-1 所示。需要依靠 I/O 输出使能信号 I/O EN 发出电源使能信号 PWR EN 给某个始终开启的模块,该模块然后向 On/Off 模块发出一个激活信号。然而,当 I/O EN 信号的源模块的供电被切断的时候,该信号处于未知状态。请注意,插入一个隔离元件未必能解决这个问题。该信号需要被隔离到合适的值,而且因为图上有一个双向的焊盘,必须确保由隔离所确定的方向不构成危害。

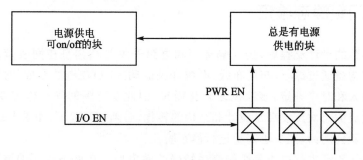

图 6-1 供电被切断岛的控制依赖

并不是所有的控制依赖都这么简单,也不是所有的这些依赖关系都会导致直接的功能错误。即使在这个简单的情况下,类似于图 6-1 中 I/O EN 信号的某个信号需要由工具自动地或者由验证工程师人工地确定下来。目前的一些商业工具可以自动地确定这些依赖关系。然而,IP 集成的复杂性和有时 IP 集成的隐藏和加密模型可能会躲过自动分析。

检测基于软件寄存器依赖的时序依赖则更加复杂。这些依赖关系可以通过对这些信号无效的电源模式进行严格的鉴别和测试予以确定。例如,对待测设计(DUT)中某个位于电源关断部分的地址进行了读操作,读到的数据是被隔离后的值,从而导致了后续程序的错误执行。这种情形确实是相当关键的。并没有实时的探测器来告诉待测设计(DUT)某特定模块是关闭的。它完全依赖软件对运行状况的记忆,和/或对硬件中的某个其他元件的探测,例如电源开关的控制和其他装置。

规则 6.3

必须在测试平台中编写相应的断言以防止出现对关闭或待机模块进行事务操作。

规则 6.3a

对已知处于电源可开启/关闭岛群上的软件可寻址的寄存器的访问,必须编写断言以验证只有在开启状态的岛上,才可以进行这样的访问。

读者也将注意到这种依赖关系并不一定是错误的。在信号源被切断供电状态的模式下,可能存在某些逻辑会使这个有问题信号变成无效。然而,对于验证而言,还必须对该信号进行某些测试或者形式化/属性分析。

推荐 6.4

找到并区分那些源自电源可开启/关闭模块的关键控制信号,并且验证:状态的转移没有依靠那些来自于供电已被关闭模块的关键控制信号。

随着岛的数目和/或设计规模的增长,RTL 静态验证的意义变得越来大,这也使得编写功耗意图技术说明书和动态覆盖测试代码变得更加困难。

6.2.2　门级静态验证

在大多数的设计流程中,插入隔离门和电源开关等结构是在网表阶段完成的。由于网表结构是通过综合、布局布线、电源开关的插入、扫描链的形成,时钟树综合、缓冲树的插入和时序确定,多次反复转化而来,因此全范围的静态检查变得至关重要。网表生成的每次反复都是设计和结构的转化,必须进行验证,如果不是每次转化后都做动态验证的话,至少也需要进行静态验证。

门级静态验证也取决于是否能获得精确的库模型。在静态验证的情况下,正如在第 5 章"多电压测试平台的架构"中讨论的那样,这些信息是以正规库格式呈现的。门级仿真也取决于库中是否有能理解电压轨线变化的单元级模型可用。

门级验证的另一方面是输入/输出(即 I/O)单元的插入,例如焊盘等的插入。通常这些插入的 I/O 单元涉及多个域,有时还是电源网络的组成部分。某些单元拥有内建的电平换挡器和隔离单元,这也增加了验证的复杂性。功耗意图的表示格式在允许的范围内有很大差别,层次间的通信能力也各不相同,因此在做总体集成(验证)时,必须强制性地增加一些规则。总而言之,这是一个需要用户极其小心的领域。即使能够实现完全的自动化,还是需要由用户自己来设置大量的参数。

在依赖外部电源供电的设计中,若不测试沿着电源轨线 I/O 结构的划分,不考虑来自于外部的电源轨线的任何时序,则验证工作是不可能完成的。对这些设计而言,I/O 单元成为验证需要覆盖的至关重要的部分。

快速浏览图 6-2,就可以发现哪些静态检查是必须做的。附录 B 中无一遗漏地列出了静态检查的条目。

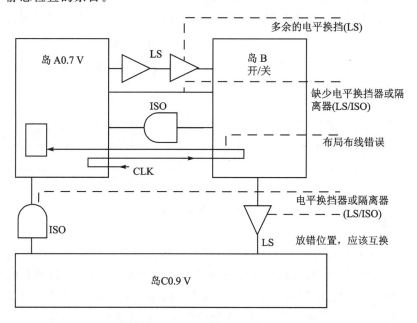

图 6-2 静态检查一瞥

附录 B 中列表出的静态检查条目是无一遗漏的,但并非所有条目必须普遍适用或者全部用到。特定的设计结构和 IP 需要自己独特必须完成才能签署同意的检查条目。然而,注意到所有的静态结构检查都是源自几个简单的要求很有意思的。立体交叉必须永远处于电气安全状态,电源结构必须总是在电气上可实现的,而且设计的电力消耗不能超过要求的耗电量。

越来越多用户采用反向设计方法学,即从连接到电源/地的网表的角度来反推测(在本质上是空间的和部分时变的)功耗意图。这种做法是十分有帮助的,特别当硬 IP 核被集成并在后端启动鲁棒性检查时更是如此。

到目前为止,除了在第 1 章"序言"中,并没有深入掘开电源结构可行性的话题。

这把我们带到了多电压低功耗设计的签字验收流程这样一个话题。正像第1章提到的,功耗其实不只是功率密度和漏电问题,功耗更多的是电力传送和可靠性问题。尤其对电力传送而言,电源结构处理峰值电流负载和电流波动的能力是至关重要的。总体签字验收过程必须包含这样的检查。

[113]

最后但并非最不重要的是等价性话题。当所有岛都有电源供电,且电压相等时,参考设计和实现的实际电路也许是等价的,但当电源电压发生变化时,这两者就不一定是等价的了。如图6-3所示,即在实现的实际电路中,把乘法器模块从域1移至电源供电可开/关的域。所谓不考虑域2供电被关断状态的等价性检查,也就意味着根本就不检查实现电路中乘法器电源被关断后有可能出现的错误。即使某人想要在该乘法器供电被切断状态下,执行等价性检查(译者注:这是一个很明显的错误。),被连至常量1的实际电路中的隔离使能信号或者用于形式化验证的无效电平,也并不能检测该明显的错误。为了检测该明显的错误必须再施加一个有效的隔离值*。

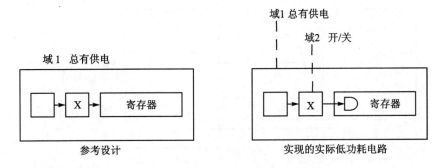

图6-3　伪域连接

请注意:实现该设计的具体电路将通过对立体交叉电路的纯静态电气检查。因此,需要与原始设计对照比较,以确保原始架构没有被改变。总之,就所有的多电压设计风格而言,等价性问题确实是一个很棘手的问题。近年来,解决这个重要问题的商业解决方案不断地涌现。我们用一个重要的签字验收规则来总结本小节。

---

* 译者对本段的理解是:作为一个整体来考虑的模块,有一个连接常数"1"的隔离使能信号,或者有一个用于形式化验证的无效电平来控制该电路块是否作为整体参加/脱离系统的运行。因此如果有人想要在整体块的供电被切断状态下,还要对整个电路块中的部分电路有/无供电来执行等价性检查,这是不可能做到的,因为该电路块是作为整体考虑的,断电就意味着不必考虑该整体电路块(即隔离系统),上电就意味着这个电路块的整体都一起运行(即参加系统)。如果该电路块作为整体供电后,中间还有一部分电路却处于断电状态,则电路就会出现功能性错误。如果确实想把这部分电路分开来考虑,就必须把该整体电路块再做一个层次的划分,所以必须添加有效的隔离信号,才能掌控这个整体电路块中部分电路有/无供电的情况,并保证数据传递在这两种情况下都不出问题,由此才能测试该模块作为多层次模块的等价性是否发生了变化等问题。——译者注

规则 6.5

不仅必须对实现的具体电路进行单独的检查,还要在所有的电源状态下,对照原始参考设计,进行等价性检查。

114

6.3 动态验证

动态验证首要的目标是执行电源状态表。假设静态验证得到了一个很清晰的结果,我们可以假设在稳定的多电压状态下,不会出现明显的竞争冒险的电气状态。尚未发现的边角隐患很可能还存在,需要用动态验证来发现。然而,在我们做动态验证之前,我们必须先验证某些基本的功能。

例如,考虑图 6-3 的情形,并不是实现的具体电路出现错误,而是乘法器被错误划分到了供电可以切断的域。然而,在某种模式下,可能还需要乘法器,而该模式却碰巧无意地关闭了该乘法器的电源。若没有能观察这种模式下乘法器输出的测试案例,则不可能发现该错误。请注意,设计在结构上可以是完全正确的,但还是会遇到这种错误的。

读者可能会认为这是一个微不足道的小问题:乘法器的输出总是被隔离的值,一旦在后续逻辑中使用这个错误的乘积肯定造成错误。然而,假设电源域的个数为 7,而且每个域的电源都可以被开启/关闭,则产生的合法电源状态总共有 128 个。而电源域的划分并不在乘法器级,可能在诸如处理器核的 IP 模块级。只有当处理器 IP 核有供电的每种模式下,都对乘法器进行测试,乘法器电源已被单独划为另一个域的错误才能被发现。即使电源域的数目很小,这种粒度问题也会变成可怕的梦魇。我们必须在设计的每种模式下,通过随机测试实现全面彻底的覆盖。

推荐 6.6

必须通过该状态下所有主要微架构元件,对每个电源状态进行全面彻底的测试。

推荐 6.7

在每个电源状态下,对开机状态下的所有逻辑的测试覆盖率应尽可能地接近 100%。

相反的情形同样很麻烦,即验证在某给定模式下,不需要的资源是否确实已被关闭了并非易事。例如,考虑这样的情形:在处理器核的供电被切断期间,乘法器却仍处在有电源供电的域。这是相当难检测到的问题,因为在该状态下,乘法器的输入已被隔离了,所以实际上没有办法可以控制乘法器的输入。然而,根据推荐 6.7,经过各种电源状态下的测试,我们可以发现该乘法器模块在处理器的电源被关断的情况下,是一个没有办法测试到的(被覆盖到的)元件,因此调试过程必须转入到电路系统的架构分析。由此可以得到一个教训:电源管理的出错很可能是电路系统的架构造成的,普通的方法很难调试,有时必须重新设计电路系统的架构。

115

不同电源状态下的验证做完后,下一步必须实现的验证目标就是状态转移的验证。电源管理单元(PMU)的很多能力,其中包括感知状态转移需求的能力、使相应的状态转移控制信号有效/无效的能力、发出转移完成信号的能力、以及恢复执行的能力,都需要很好地予以测试。

因为以下原因,转移的验证是很复杂的:

① 转移可能被异常中止,因此必须能够安全地返回原始状态或者其他状态[6]。

② 可能发生一些不安全的电气状况,例如,电平换挡器插错了地方,或者电平换挡器的电压超出了输入/输出的电压范围。

③ 冲击电流以及多条电压轨线同时发生改变的的影响,均会在电源轨线上产生大量的噪声,所以必须更加重视设计的电源(信号)完整性问题。

从(电源)状态转移和序列这两个角度出发,验证覆盖必须具有一组用来唤醒的可能的序列集合,以及一组自关机至全部供电电源被切断状态的可能的序列集合,例如使系统突然停止的序列。在这个多电源状态集合中,会产生大量的复杂任务,并且(电源状态的)转移往往涉及异步和(数模)混合信号事件。例如,供电电压经过某临界点时可能会触发芯片或芯片某部分的上电复位。复位后在继续完成上电操作,或者在异常中止上电操作之前,锁住配置位、设备状态位和其他标志位。这也是系统级死锁可能发生的地方。因此,必须针对电源管理状态空间的这一部分进行测试,而不是仅仅把注意力集中在功能性的状态/模式上。

因此,除了所有可能的状态转移都必须被覆盖的显规则外,状态转移的验证必须符合以下规则:

规则 6.8

若用到(异常)中止信号,则必须测试由该中止信号引起的转移。

规则 6.9

(在测试代码中)必须明确地写出(并写全)防范多个轨线同时改变的断言。

推荐 6.10

对跨越电压域边界的每个立体交叉都要编写相应的断言,以防止电压换挡器出现违反电压范围规定的情况。

转移可以由多个原因引起,因此这些原因之间可能存在冲突。例如,打进来的电话可能指示 CPU 工作在 1.2 V,而按下的相机快门可能要求 CPU 在 1.4 V 下工作。

规则 6.10

为解决互相冲突的转移输入,必须对电源状态进行测试,并且必须把电源状态转移优先级作为电源架构规划予以解决。

然而,在前面那个接电话的例子中,接电话操作与照相机快门操作之间出现冲突。考虑这样的情形,接电话事实上是优先的,但是照相机的数据并没有被抛弃。只是把照相进程放在后台处理。这意味着一旦通话结束,必须立即恢复照相模式,并继续执行相应的照相模式。这就给我们带来了序列的问题。即使是只有很少几个电源状态的小设计,也可能出现很多序列,尤其当设计中存在可保存不同状态下相关信息的逻辑元件时,更是有无数个这样的序列。

不采用某些随机激励技术,序列的完全彻底的覆盖是不可能的。进一步讲,序列应该代表实际使用情况。在现代 SoC 中,尽可能多地采用软件测试是完成序列覆盖的最好手段。此外,还要施加随机激励,诸如中断、关键失败条件、定时器/计数触发器,以确保在每种情况下,待测设计都处于定义好的电源状态中,不会出现死锁的情况。

随着电源域和状态数目的增长,覆盖空间将按照指数增长。通常的覆盖向量并不适用于这一类型的设计。设计者必须把设计看做不同层次的系统互联,并把验证目标集中在这些互联系统之间和每个子系统内部的相互作用上。我们也必须通过选择那些和验证相关的测试向量,以试图减少所需要的覆盖。

对设计风格的影响——架构和微架构

电源管理的一个独特之处是所选择的设计风格对设计隐患类型以及验证策略有显著的影响。例如,电源门控设计很容易出现隔离错误、冲击电流/电压调度错误或复位错误,但不太会出现电平换挡或者存储器混乱方面的问题。同样地,采用电源门控状态保持的设计也不太可能出现逻辑转换错误。

除了通常的遍历状态表、转移和序列的手段外,我们还必须把验证集中在控制的微架构实现上。如果我们把注意力转移到设计结构、岛、电源门控使能、电压标识(ID)码、保持控制、隔离使能和电荷泵上,我们可以问自己,从这个角度看覆盖向量是什么。总而言之,遍历电源状态表和遍历转移是不够的。事实上,随着岛和状态组合数目的增长,遍历的方法成本已经高得行不通了。

然而,当设计者专注于元件设计时,就出现一个较易管理的小覆盖向量。我们仍需要检测非法的状态和转移,但是若知道某岛已被关闭了多少次,可能会很有帮助。有时,检测非法的状态和转移可以得到一个虽然经历了所有的电源状态,但某个特定岛却永远不曾关闭的向量,由此表明状态表或划分中存在一个错误。

规则 6.11

除了电源状态表,转移和序列外,也必须对诸如岛和电源管理控制器等设计元件的覆盖率进行计量。

把注意力进一步集中在控制上,必须考虑一些特殊的影响,诸如有选择地保持、交错地电源开关控制、分开的隔离结构、以及基于锁存器的隔离,并在电源管理序列的相应节点上对这些影响进行测试。例如,考虑图 6-4 所示的有选择地隔离使能的例子。不仅对 Iso_en1 和 Iso_en2 的覆盖是重要的,而且还要确保它们之间的任何序列都要覆盖到,也是十分重要的。对隔离使能到解除隔离的间隔,进行测试,考察设计的功能是否得以维持,也是十分重要的。

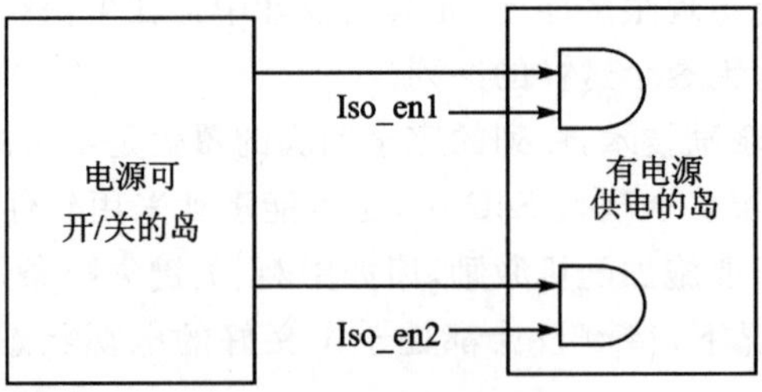

图 6-4　有选择的隔离

　　总而言之，微架构覆盖，虽然至关重要，但是和具体设计有十分密切的关系。因此，测试方案中必须专门用一小节，针对这些设计要素进行验证。专注于这些设计要素进行验证可以得到另一个非常有利的结果。在这个过程中，对于电源管理调度方案至关重要的关键控制信号可以得到严格的定义，这些严格定义的控制信号，可以按照推荐 6.6 所描述的那样，用静态方法予以验证。

[118]

6.4　层次化的电源管理

　　在大多数当前的系统中，设计已经被组织成为资源和子系统的集成，诸如存储器子系统、视频子系统、图形渲染引擎、和模拟子系统的集成。这意味着这些功能块中的每一个，都对其主控制器提供电源管理控制接口，而该主控制器又对它的主控制器提供功能和接口的控制接口。这个接口不必非是电源管理控制接口不可，它也可以为任何功能，诸如 DMA 传输等功能，很好地服务。

　　令人庆幸的是，尽管今天的大多数系统并不是因为电源管理的原因才按照这种方式组织的，这些子系统的边界形成了电压控制的自然边界。我们可以把这样的系统看成是按照啄序（即任何团体中之长幼强弱次序）互联在一起的一串有限状态机。这个顺序是相当有关联的。一个设备/子系统的主控制器被关闭了，但设备自身还处在有供电的开启状态，这样的情形是不允许出现的。

　　有些读者可能会这样想："且慢！我的键盘子系统识别出电源按钮的按下，或笔记本电脑盖子打开后，随即唤醒了整个系统。所以，虽然器件的主设备（master）处于关机状态，而器件自身却处于开机态，这并没有什么错误。"对大多数实际系统而言，尽管这是极好的观察结果，主从关系的微妙之处在于电源轨线可能遵循不同的层次结构。这是电压轨线的层次。

　　在上面的例子中，虽然输入作为一种类别的器件是受某个主设备控制的，用以产生与输入相应的功能，但从键盘电压域的角度来看，电源和笔记本电脑盖子的开机输入（信号）被划分到了一个独立的始终开机的域。一旦系统开机运行起来，电源按钮开关和笔记本电脑盖子的功能可以由用户自行设置，以实现某些电源管理选项的目的,某个选项可能还会改变设计的层次,这个情况可能使得读者更感困惑。例如,笔记本电脑盖子的输入可能被编程为不引起任何状态变化。请注意,这样做不必改变电源域的层次结构;改变的只是系统对输入的响应。

这给我们带来一个很重要的层次化电源管理规则。

规则 6.12

必须对可配置电源管理层次结构的默认的/未配置的功能进行测试。

规则 6.12a

必须对可配置电源管理层次结构的已编程的/已配置的功能进行测试。

层次化电源管理在幕后所做的工作之一是,一旦把轨线/域按照主从关系树的次序组织起来,就很容易推导出系统的状态表。我们可以进一步推导出电压域之间的转移关系和分离属性,从而减少不得不覆盖现实中并不存在的模式的情况。

在参考资料[16]中,可以找到层次化电源管理的一个极好例子,其他背景资料可以在参考文献[3][16][30]中找到。

现在我们回到验证的最基本概念:编写测试代码和对覆盖率进行计量。这将是第 7 章的主题。

119

第**7**章

动态验证

摘　要

　　本章的重点放在阐述动态验证、覆盖率和断言上,从覆盖率的角度对功耗意图和电源管理的状态空间等各方面问题进行了讨论。

7.1　引　言

　　静态验证技术的功能非常强大,因为这些静态验证技术能找到设计的隐患,而且检查十分彻底。然而,因为完整的电源管理系统有其固有的复杂性和不均匀性,所以静态验证技术的验证范围仍有其局限性。正如 linting 工具和形式化验证方法也无法帮助设计者找到设计中存在的所有功能隐患一样,当今,如果只使用静态验证技术,已不可能确保您设计的电源管理方面不存在任何隐患。

　　幸运的是,用于加强设计的静态功能验证技术也可以被用来提升其功耗功能的动态验证。使用适当的模型和验证环境,通过仿真可以确认在设计中有关功耗意图方面是否存在隐患,而只依赖静态验证技术,这些隐患仍然是无法被检查出来的。

　　不幸的是,验证功耗意图的仿真技术遭受到与验证(电路逻辑)功能的仿真技术同样的制约;必须激活隐患,观察到隐患产生的效果,才能断定确实是某个隐患造成了该故障。本章介绍了一些技术和规则,应用这些技术和规则,可以最大限度地提高发现隐患的概率,那些通过静态手段找不到的隐患也可以被检测出来。

　　在默认情况下,SystemVerilog 仿真器是数字仿真器。它们只能识别 4 种不同的逻辑状态:0 、1、Z(高阻抗)和 X(未知的)。此外,它们只关心数据信号,而不关心电源电压。在电源管理特性方面,功能性错误往往与电源和外部控制信号的模拟本性有关。因此,必须使用能感知电源的仿真器,这种仿真器可以准确地呈现和仿真这种效应,能发现设计中的许多隐患,本章所讲述的方法学,其目标就是发现这些隐患。

7.2　验证计划

为了验证设计中的节能特性,必须(在编写验证计划时)添加需要验证的条款,本节将描述这一概念。节能特性的验证必须与其他特性的验证一起规划。

推荐 7.1

应该首先对电源域进行独立的验证。

正是因为这些独立电源域存在多电源状态的组合,才造成了低功耗设计的功能复杂性。

如果每个电源域的功能是否正确可以由自己验证,那么只需要进行系统级的验证即可。换言之,若能验证在不同的状态下,该电源域都可以正常地运行,则意味着该电源域的功能正确性已得到验证。这种方法远比在系统级层次试图验证多个独立电源域的功能正确性容易得多。幸运的是,电源域通常与设计组件对应,在组合成为最终设计前,这些设计组件在功能上是可以独立进行验证的。

通常情况下,一个电源域将由一个设计组件构成,该组件的原始架构原本并没有包括与低功耗相关的结构或效应。这种设计需要再安装电源开关、保护电路、保持单元等,然后再验证添加了这些要素后的情况。在这两种场合,(最终)都应该有用来验证全启动(All-On)条件下的所有功能的独立验证环境。我们可以有效地利用该验证环境,将其扩展成为能够验证电源域节电能力的验证环境。

对单个电源域而言,若没有合适的独立验证环境可用,则在多电源域的设计中,根本没有办法逐个地验证电源域。域排序规则可能需要先关闭某些其他域的电源,然后才关闭感兴趣域的电源。若电源域的外部接口不可见,或者如果这些接口不能被观察到,或通过周围块不能被驱动,则验证目标电源域在各种电源状态下的响应是否能与期望的功能一致可能会遇到困难。

规则 7.2

设计的全启动(All-On)功能应该首先得到验证。

功耗意图的验证是确保无论当部分电源(或全部电源)被关断,或者被接通时,该设计的操作均正确无误。最好确保在节电功能一个都未启动的情况下,设计的基本功能正确无误。这种方法将有助于在进行电源有关的验证期间,查明造成故障的原因;任何故障都是由电源管理功能所造成的,而不是因为设计功能存在任何问题。

显然,在对设计的全启动(All-On)功能进行验证的过程中,可以发现并修复一些电源管理隐患。但这些隐患都潜伏在"全启动(All-On)"电源状态的路径上。制定验证计划,对没有被访问过的电源状态,以及还没有发生的电源状态的转移,进行验证是十分必要的。

7.2.1 响应检查

通常,检查机制假设该设计不断地执行其所有的功能。然而,在节能设计中,有些功能可能会被关闭或被暂停。响应检查机制,最常见的是用记分板记录,在记录时必须把这些新添加的模式(即不同开/关情况下的功能)计算在内。

规则 7.3

能感知电源的仿真器可以用来验证断电域(powered – down)的正确性。

通过撤除供电电源可以停止被断电域(powered – down)的活动。供电电源不属于 RTL 设计的功能描述部分。因此,没有办法用 RTL 代码为因断电而造成的状态(如果不使用保持)丢失和活动丢失建立模型。

能感知电源的仿真器会使待测设计(DUT)中对应于电源已被切断的岛的那部分电路变为无效,从而阻止在那部分电路发生任何仿真活动。那部分无效电路没有产生响应的事实仍然必须得到核实,以确保被断电的域确实已包括了所有的目标功能。

规则 7.4

任何一个电源状态改变的开始和结束必须通知响应检查机制。

响应检查机制可以利用这些通知,按照该设计的新状态,适当地修改期望的响应。状态改变的开始和结束都要发出通知是很重要的。从一个稳定状态模式转移到另一个模式的过程不是瞬间完成的,通常涉及一个冗长的由固件驱动的协议。状态转移过程将全程影响期望响应。

若使用在附录 A 中定义的电源状态管理器,则在 $vmm\_lp\_design :: notify$ 类属性中找到的通知服务接口可被用于产生上述效果。

推荐 7.5

不应该预测电源状态转移效果的准确时序。

设计从一个稳态模式转移到另一个模式期间,可能涉及许多个电源域从一个状态向另一个状态的转移过程。若事务发生在过程内,则很难准确地识别哪个事务将被放弃,哪个事务将顺利地完成。

例如,图 7 – 1 中的设计,展示了用流水线按顺序处理事务的三个域。为了预测设计的最后响应,使用了典型的记分板,并按照期望的信号抵达顺序排队,将其与观察到的实际响应进行比较。该设计将其功能安排在流水线中。若首先将电源域"A"的供电切断,则很难确定哪些事务目前正在由域"A"处理,也很难确定哪些事务当时曾由其他域处理。它将不再产生响应。

图 7 – 1 流水线的电源域

如图 7-2 所示,简要地说明记录在记分板上所有目前预期的响应有丢失的可能是比较容易的。接着,调用比较函数,就可以把观察到的响应与没有受这次电压模式转移影响的那些事务的期望继续顺利地比较下去。当设计处在电源断电模式期间,在此期间抵达的激励应被忽略。

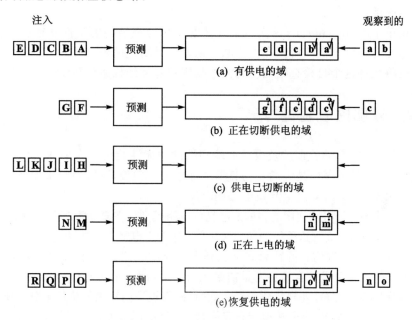

图 7-2　"模糊"记分板

对于反方向的电源模式转移,该过程是反向的。一旦表明转移开始,记分板马上再次记录激励信号,但不断地把输入的激励标记为"可能已丢失"。一旦表明转移完成,随后抵达的期望响应则被标记为"确实是期望的"。在这个电源模式的转移过程期间,设计最终将在转移流程中的某个不确定的时刻点开始产生响应。在该时刻点,调用比较函数就可以发现,期望的响应与观察到的响应并不匹配。这是因为在此时点,期望的响应正好对应于由电源模式转移而造成的丢失事务。调用比较函数,应该能够提前预测到"可能已丢失的"期望响应序列,以使得期望的响应与观察到的响应相匹配。一旦发现有电源模式转移,所有的中间事务可以被安全地假定为已经丢失,而其后所有的事务必须能够被观察到。

调用 vmm_sb_ds::expect_with_losses(),可以实现这样一个比较函数。

规则 7.6

功能的正确与否应该在每次电源模式转移后才能予以确认。

由电源状态转移所造成的功能性后果可能无法立即被观察到。但自我检查机制必须能指出所造成的功能性后果是否已被观察到,验证的结果是否正确。然后,使用一个测试案例来表明测试可以安全地继续下去。否则,没有错误报告,则无法观察到不报告错误的错误输出。

规则 7.7

自检查结构应该使用 vmm_consensus(VMM_一致同意)实例来确认所观察到的正确性。

电源模式的转移可能会影响到几个功能区,每个功能区用该自检查结构的不同部分予以验证。

使用单个 vmm_consensus 实例来确认整个自检查结构的全部功能完全正确的报告。这允许任意个数的线程和检查独立地确认其功能的正确性。

这也将允许这个自检查结构与遵循本规则的其他结构组成系统级的验证环境。

7.2.2 外部控制验证

全接通(All-On)验证涉及设计的端到端的功能性验证。为了加快执行大量必要的测试,上电复位序列是为满足仿真器的需求而专门设计的序列,不用建立准确的物理行为模型,也不需要上电复位电路的时序。

设计功能的验证必须使用适当的上电复位电路模型。在第 5 章"多电压测试平台的体系结构"中,提供了编写这种模型和如何编写合适的上电复位测试案例的指导原则。

对设计而言,依赖仿真的初始状态也是有可能的。例如,任何 bit(位)类型或 real(实型)类型的变量总是隐含地将变量初始化为 0 的,而不是初始化为 X(未知)的。当外部电源受到门控,而且外部复位信号有效时,确保设计的正确复位是十分必要的。

复位功能必须在设计正常地运行了一段时间后,再施加复位信号,然后验证所有的复位功能是否全部正确。然后,确保复位能够使系统重新启动,进入一个功能正确的状态。同样,外部电源门控的影响必须在设计已正常运行了一段时间后,通过关断外部电源,接着恢复外部电源来加以验证。在第 5 章"多电压测试平台体系结构"中提供了实施这种测试案例的指导原则。

还应该在时钟门控的条件下,对设计进行验证。对于每个外部可门控的时钟,必须将门控制信号设置为常数逻辑"0",将该时钟源关闭(被门控)。这个测试必须在设计已正常运行了一段时间,而且有效数据已流经这个"可门控"的时钟域后才进行。在有效激励施加于设计期间,时钟必须保持"被门控制"(即关闭)。时钟最终必须恢复正常的、有效激励下的运行。这样做可验证时钟域在受到门控的情况下,是否能正确无误地,屏蔽掉所有输入信号,而时钟信号一旦恢复,随即恢复正常的处理,不会造成数据的丢失。

请注意,外部电源的门控验证必须使用能感知电源(power-aware)的仿真器。

7.2.3 电源状态

对于每个电源域而言,访问其所有的电源状态和中间逻辑状态,以及所有这些状态之间的转移是十分必要的。之所以必须随机地访问在该电源域状态空间中的多个

127

转移,其目的是增加发现在电源域状态转移过程中,时序和路径中可能存在的隐患概率。VMM 电源状态管理器可以用于产生随机的电源状态转移。

覆盖率模型应该被用来确认所有的电源和逻辑状态,以及所有已发生的转移。在能感知电源的仿真器中,能自动地产生该覆盖模型。例如,新思科技(Synopsys)公司的 MVSIM 仿真器 可以通过编写功耗意图文件,在描述这些电源和逻辑状态的基础上,创建电源和逻辑状态机的功能覆盖模型。

建议 7.8

电源状态功能覆盖模型应该包括电源状态(转移)路径。

电源状态有可能沿着电源状态空间的不同路径发生转移。例如,可以通过多条路径,进入待机模式,或可能存在导致同一电源状态的多个不同的逻辑状态。

在这种情况下,确保设计功能在不论通过电源状态空间的哪一条路径时仍然是正确的,是十分重要。路径覆盖率必须列入电源状态功能覆盖模型。

7.2.4　状态保持

若电源域中包括状态保持,则有必要验证保持的状态信息是否足够,且这些保存的状态是否已被全部恢复。

规则 7.9

访问状态保持电源状态,不应该经历复位。

只访问状态保持电源状态是不够的。必须从有供电到切断供电,再到恢复供电状态,且在没有经历电源域的状态被复位的情况下,多次访问状态保持电源状态,才有可能对状态保持的正确性进行验证。否则,状态保持的功能正确性无法得到验证,因为供电恢复后,无法区分原保存的状态与复位后产生的状态有什么不同。

规则 7.10

每个保持单元保存的应该是一个非复位值。

为了确保域的状态已被准确地保持,验证得到保持的是有效状态是十分重要的。该功能覆盖模型必须确保每个保持单元已被设置了一个不同于其复位值的保持值。否则,简单上电后,将不能区分保持的状态值和复位后的状态值有什么不同。

7.2.5　动态频率调整

规则 7.11

调整后的时钟频率应该予以验证。

在时钟频率可动态调整的域,其电路功能并没有实质性的改变,所改变的只是电路的响应速度性能。测量这样一个域的性能是很有挑战性的工作。只有在采集到足够的样本数据后,才能报告任何与性能有关的错误,因此错误报告的时间与错误产生的时间没有相关性。无论当前的时钟频率被设置成多少,验证某个域的功能正确性以及测量这个时钟的频率都是十分容易的。当接近造成错误的时间和空间时,将立即报告任何错误。

7.3 All - On(全接通)验证

"All - On"功能性是指:当组成设计的每个组件都得到电源的充分供电时,期望该设计具有的功能特性。这个功能特性就是在没有添加任何省电功能特色的前提下,原先预期该设计应该具有的功能特性。在《SystemVerilog 验证方法学》[1] 中所描述的验证方法学隐含地假设所有需要验证的设计都是"All - On"的设计。

129

规则 7. 12

All - On(全接通)验证环境的设计应能支持随后的电源验证。

低功耗验证必须在基本功能验证环境基础上加以补充和提高。低功耗验证可以使用与基本功能验证环境相同的激励和响应检查机制来识别由电源管理引入的功能故障。与电源相关的测试案例应该被看做是需要引入电源管理激励的测试案例,因而与其他边角测试案例没有什么大的不同。

vmm_env 基类已被扩展来帮助建立 All - On(全接通)验证环境,All - On 验证环境可以用来验证设计的低功耗目标是否能达到。下面几条指导原则描述了如何使用这几条扩展的 vmm_env 基类。

规则 7. 13

vmm_env∷rst_dut()方法是不能扩展的。

All - On(全接通)验证环境需要一个非常简单的上电复位模型,编写该上电复位模型的目的是为了将待测设计(DUT)模型初始化到它的复位状态。但是,做电源相关的测试必须提供更准确的上电复位序列模型。因此在与电源相关的测试中,必须有可能修改这个简单的上电复位模型。若直接用本方法实现该上电复位序列,则将不可能替换这个序列,因为任何扩展和修改这个序列的企图将不得不调用 super. rst_dut()方法。

规则 7. 14

通过 vmm_env∷power_on_reset()方法的扩展可以为上电复位序列建立模型。

默认执行 vmm_env∷rst_dut()方法,可启动 vmm_env∷power_on_reset()虚拟方法。任何由用户定义的扩展不必调用 super. power_on_reset() ,从而有可能用较复杂的上电复位序列完全取代简单的上电复位序列,以便进行与电源有关的 All - On(全接通)测试。

规则 7. 15

应当通过 vmm_env∷hw_reset()方法的扩展,来为有效的外部硬件复位序列建立模型。

这种硬件复位序列可以用于功能测试,一旦上电,立即对待测设计(DUT)进行复位。时钟信号,不同于上电复位序列,是有效的并且在运行中,而复位信号是用清晰的跳变沿明确地定义的。

规则 7.16

应当通过 vmm_env∶∶power_up()方法的扩展,将待测设计(DUT)带入 All - ON(全接通)状态。

在 vmm_env∶∶cfg_dut()步骤的开始,启动上述方法。对任何必要的、可令设计进入全接通状态的操作,必须加以定义。这可能涉及令时钟使能信号变为有效,发出复位信号,以及接通电源开关。

本方法的目的是尽快地令设计进入全接通状态,为设计的功能验证做好准备。随后的电源相关的测试可能进一步扩展该方法,令设计进入一部分接通的状态,或令设计进入全休眠状态。这取决于测试所要求的待测设计(DUT)的初始状态。

推荐 7.17

若使用的是寄存器抽象层,则在不同电源域的寄存器不应该归为一组。

若主机可访问的寄存器位于不同的电源域,则寄存器所在的电源域恢复供电之前,将无法访问到这些寄存器。根据寄存器所处的电源域,把寄存器分成不同的组,将可以更容易地验证寄存器,每次验证一个电源域即可。

例如,当使用 VMM 寄存器抽象层时,应该把每个电源域指定为一个独立的块。然后,当每个电源域被接通时,才能够使用预先定义的块级寄存器验证子程序,对每个电源域中的寄存器进行验证。

7.4 模 型

必须为包括在设计中的电源管理特色功能建立合适的模型,以确定该特色功能的正确性。其中有一些特色功能完全可以用可综合的 RTL 代码建立模型,如寄存器控制的电源开关。对有一些特色功能,建立其模型必须十分小心,以避免引入意想不到的副作用。为了把电源管理电路中电压变化的模拟效应考虑在内,其他一些特色功能则必须使用增强语义来建立模型。

下面为设计中与电源有关功能的建模提供了指导原则。

规则 7.18

时钟门控模型不能使用延迟,也不能使用非阻塞赋值。

用 SystemVerilog 语言描述同步电路的准确行为,按照时钟信号的节拍,执行非阻塞赋值,是建立 RTL 模型的基石。RTL 模型的原理是:利用时钟跳变沿之间的微小延迟,更新采样信号,可靠地解决实际电路中不可避免的冒险竞争。然而,把 RTL

模型综合成可靠的实际电路,必须满足由有效时钟跳变沿所引起的信号改变,必须在小于一个时钟周期的延迟内稳定。如例 7-1 所示的代码中,用了一条非阻塞赋值语句来产生时钟信号(更坏的情况下,用一个真的延迟值)将会出现冒险竞争现象。

131

例 7-1 不正确的时钟门控模型

```
always @(posedge uclk or negedge rstn)
begin
    if (! rstn) clk_en < = 1'b0;
    else        clk_en < = ...
end
always @ (uclk or clk_en) clk < = uclk & clk_en;
```

为时钟门控电路建立模型时,必须使用连续赋值语句、原语或阻塞赋值语句,如例 7-2 所示。

例 7-2 正确的时钟门控模型

```
always @(posedge uclk or negedge rstn)
begin
    if (! rstn) clk_en < = 1'b0;
    else        clk_en < = ...
end
assign clk1 = uclk & clk_en;
and(clk2, uclk, clk_en);
always @ (uclk or clk_en) clk3 = uclk & clk_en;
```

规则 7.19

异步复位信号的有效电平至少应该保持到出现一个有效的时钟跳变沿。

如例 7-1 所示,描述异步复位的 RTL 编码风格,从行为上看并非十分准确。为了使电路产生复位,必须出现时钟的有效跳变沿,或者复位信号的有效跳变沿。这意味着,与真正的硬件不同,用异步复位有效输入唤醒的岛群将不会在复位状态唤醒。因此,必须等到时钟的有效跳变沿出现后,在仿真时,该岛的状态才能正确复位。

另一种解决办法也许是在异步复位信号上产生有效跳变沿。例如先将复位信驱动号到"X",然后驱使复位信号有效,但这个方案唯有在异步复位输入是外部可控的前提下才是可行的。在内部使复位信号产生任何新的有效跳变沿是不可能的。

请注意,在 SystemVerilog 语言中,有几种方法可以为异步复位信号的电平敏感性质建立合适模型。问题是综合工具未必能正确地处理这些模型。

132

7.5 定向测试

有些测试利用随机激励信号对设计进行验证,但这些测试的基本验证目标仍可以直接通过某些具体的激励信号实现。这些测试案例使用随机激励只是作为创建背景激励的一种手段,以便于验证设计其他部分的功能也是正确的。

7.5.1 上电复位测试

上电复位测试是第一个必须执行的定向测试。在所有其他的仿真中,(对上电复位测试而言)我们感兴趣的只是待测设计复位后的初始状态,所以以将初始硬件复位信号序列在开始的瞬间就施加到待测设计上。但在上电复位测试中,只有上电复位序列的模拟本质才是我们真正感兴趣的,所以必须确保复位后的初始状态能正确地实现,因为所有其他的测试必须在初始状态正确的前提下,才可以进行。

规则 7.20

应当重载 vmm_env::power_on_reset()任务,对上电复位进行测试。

用更准确的上电复位序列模型来代替由所有其他测试使用的瞬间硬件复位激励是十分必要的。在验证环境的基础上扩展一个测试专用的模块,就可以实现这一步骤。

例 7 - 3　被重载的上电复位序列

```
class por_env extends tb_env;
    virtual task power_on_reset;
        ...
    endtask
 endclass
```

规则 7.21

应当使用短的广谱随机测试(short broad - spectrum random test)。

上电复位测试只关心上电复位序列的验证,以及设计强制的初始状态的验证。在待测设计已施加上电复位序列后,运行短的广谱测试,可以验证设计的初始状态是否设置得当。

若在默认情况下,验证环境执行一个无约束的随机测试,则只需限制这个默认条件的上电复位测试的持续时间即可,如例 7 - 4 所示。

例 7 - 4　随机环境里的上电复位测试

```
program por_test;
 por_env env =new;
 initial
 begin
    env.gen_cfg();
    env.run_for =10;
    env.run();
 end
 endprogram
```

7.5.2 硬件复位测试

第二个必须执行的定向测试是硬件复位测试。在所有其他的仿真中,为了使设计进入一个已知的初始状态,当仿真一开始时,就要施加硬件复位序列。然而,设计被强行复位后,验证其能否立即进入功能状态是十分重要的。而且还必须验证设计的初始状态并不取决于仿真器的初始值。

在执行这样的测试案例时所面临的主要挑战是:不能违反在 VMM 环境中已经定义的仿真序列。在一次仿真期间,不可以多次调用 vmm_env::reset_dut()方法。可以调用 vmm_env::hw_reset()任务,但执行硬件复位需要随即对所有事务和响应的检查结构复位,重新对设计进行配置,然后重新启动所有的事务,这将有效地复制在各个仿真的步骤中已经实施的操作。

下面列出的指导原则展示了如何利用新的:vmm_env::restart_test()方法。

规则 7.22

自检查结构必须具有复位能力。

当器件被复位时,所有待处理的激励信号将被清除。任何待处理的期望响应的响应检查结构必须具有同样的清除能力。

规则 7.23

vmm_env::reset_env()虚任务应该被用来实现可靠的(FIRM)复位。

该方法指定验证环境中的各种事务和其他验证组件如何被复位,以便它们能够再次重新启动。请注意,在可靠(FIRM)复位后,将按 vmm_env::reset_dut()步骤重新启动验证环境,从而不再执行 vmm_env::build()步骤。因此,有必要确保任何必要的回调的注册在组件复位期间不被清零。

规则 7.24

应当使用广谱随机测试。

使用这样的测试案例,即将设计的所有状态信息搬离其初始状态,越远越好,是十分必要的。总而言之,采用运行时间足够长的广谱随机测试案例,应该能满足验证测试的要求。

然而,若不可能用一次测试完成对整个设计的验证,则有必要在多个测试案例里面重复执行硬件复位测试。

规则 7.25

在调用 vmm_env::restart_test()之前,只有那些在 vmm_env::build()步骤后启动的线程应该被中止。

在执行广谱测试期间的某个适当时间点,必须调用 vmm_env::restart_test()方法,来中止正在运行的测试,并将验证环境复位,然后必须重新启动测试。为了让该测试恢复正确的运行,任何在开始点(在本案例中为 vmm_env::reset_dut()步骤)前启动的线程,必须仍在运行。使用禁止语句(disable statement)中止测试程序的执行是非常重要的,但这样做会对该步骤后开始的那些线程产生影响。

例 7 - 5　随机环境下的硬件复位测试

```
program hwr_test;
tb_env env = new;
initial
begin
    env.build();
    fork: test case
        env.run();
    join_none
    // 等待测试的全面进展
    ...
    disable test case;
    env.restart_test();
    env.run();
end
endprogram
```

7.6　电源管理软件

在当今大型的系统芯片(SoC)中,电源管理系统的很大一部分功能是由运行在 SoC 上的嵌入式软件或者应用软件完成的。例如,当用户在手机上选择拍照模式时,正是手机上运行的软件负责启动数码相机的电源供电;当退出拍照模式时,也是由这个软件负责切断相机的电源供电。正是因为有了这个电源管理固件(PMFW),在它的控制和管理下,设置设计中各个电源域的不同状态,使各个电源域的状态能及时正确地转移。

规则 7.26

电源管理固件的代码必须予以验证。

因为电源管理固件是设计中整个电源管理系统不可分割的一部分,因此把该固件作为待验证的整体功能的一部分予以验证是十分必要的。这意味着最终将下载到 SoC 芯片中的实际固件代码的正确性,必须得到验证。若电源管理固件被其行为模型所代替,例如用 SystemVerilog 编写的虚拟中断服务子程序通过处理器的总线功能模型访问寄存器,电源管理系统中的关键组件将得不到验证。如何才能确保实际的固件将会表现出与虚拟中断服务子程序完全相同的行为呢?

实际固件代码的运行唤起人们对仿真所需时间的忧虑。由于仿真期间,必须运行 RTL 代码或者运行经编译的固件代码的处理器的指令集模型的目标码,因此仿真的进展变得十分缓慢,实际上几乎处于停顿状态。幸运的是,在本节后面介绍了一个很好的方法,可以缓解仿真运行时间过长的问题,并在不牺牲运行时间性能的前提下,提供功能验证。

规则 7.27

若电源管理固件的代码已得到验证,则不应该轻易地修改该代码。

固件代码一旦经过修改,立即就不再被认为是"已被验证的"。任何修改都有可能引入功能错误。在目标应用处理器上编译和运行的固件必须与已经过验证的固件代码完全一致,没有再做任何修改。

验证没有修改过的固件代码的一种方法是在目标进程的指令集仿真器上编译并运行该固件代码。但是,这种办法会显著地降低仿真的速度。这样做造成仿真速度降低有两个原因:① 该处理器的模型增加了仿真的复杂性和规模,因此需要处理更多的事件和模型;② 目标码的执行包含很多不是与设计直接交互的指令。

规则 7.28

应当使用寄存器级协同仿真应用程序接口(API)。

电源管理固件和由该固件控制的设计之间唯一有效的交互是对相应的控制寄存器进行读/写访问。寄存器级 API 协同仿真允许算法和固件的决策部分由工作站本地执行,以及只有当控制寄存器必须被读取或写入时,才与仿真互动。

例如,VMM 寄存器抽象层(RAL)提供了一个 C/C++ 接口,该接口允许在计算机上运行的 C/C++代码对在 SystemVerilog 仿真器中被仿真的待测试设计中的软件可访问的寄存器进行读/写操作。该 C/C++ 代码是由主机计算机执行的,而不是仿真器中的处理器模型。该设计的仿真并没有变慢。VMM 寄存器抽象层(RAL)提供了主机处理器上运行的软件和被仿真设计之间的接口,该接口旨在尽量减少软件与该设计通过处理器的总线功能模型对运行时间的影响。

在《VMM 寄存器抽象层用户指南》第 17 章和附录 C 中,详细地介绍了由 VMM 寄存器抽象层提供的 C 语言编写的应用编程接口(API)。例 7-7 展示了如何用 API(应用编程接口)来读取寄存器。

例 7-7 通过 RAL(寄存器抽象层)设置一位值

```
int pwr;
ral_read_PWR_CTRL_in_dut(dut, &pwr);
pwr |= 0x0040;
ral_write_PWR_CTRL_in_dut(dut, &pwr);
```

规则 7.29

应当用纯 C 语言编写的寄存器级协同仿真应用编程接口(API)执行程序来编译目标处理器上的固件。

归根结底,电源管理固件必须被编译成为能在最终产品的实际处理器上运行的机器码。然而,该固件在已得到验证后,绝不能再做任何修改。这意味着,协同仿真的应用编程接口(API)必须有可替换的、在目标仿真器上可以编译的 C/C++执行程序。

例如,VMM 寄存器抽象层(RAL)提供了用纯 C 语言执行程序来代替寄存器访问应用编程接口(API)的途径,该 API 可以被用来编译在实际设计上运行的固件。正如图 7-3 所说明的那样,这个用纯 C 语言编写的执行程序来自于与协同仿真(SV)执行程序相同的寄存器规范,并提供了完全相同的功能。在协同仿真环境和在实际设计环境中可以不经任何修改,执行相同的代码。

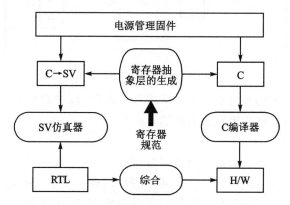

图 7-3　由寄存器抽象层生成的应用编程接口

规则 7.30

所有硬件到固件的事件通知应该通过中断实现。

固件收到硬件中发生重要事件(例如通知某电源轨线已被切断或接通)的通知有两种方法:① 固件可以通过必须响应的中断信号,异步地接到通知;② 固件也可以对硬件不断地进行巡回检测发现重要事件。

第一种方法处理起来比较复杂,第二种方法将消耗更多的电力,因为处理器必须不断读取指令,对指令解码,并执行指令。组成片上总线的许多个信号(地址)将连续地发生变化,迫使从设备不断地按巡回检测的地址做出相应的回答。

在协同仿真环境下,对基于中断的电源管理固件进行验证,将更有效率,因为该固件只有在需要时才执行。这样做可使硬件仿真尽可能快地运行。若采用基于巡回检测的方法,硬件仿真只能在读周期内运行,因为只有在读周期这段时间内才允许仿真的进行。

规则 7.31

所有与电源有关的中断状态位应该用一个或门合并成一个单一的电源管理中断状态位。

导致中断的条件总是比中断信号更多。绕过这个限制,把多个中断状态位(在有选择地屏蔽后)连接到一个多输入或门,把或门的输出作为最后的中断信号。中断服务子程序必须读取中断状态寄存器,执行相应的服务。这种机制可以递归地应用到创建一个中断状态位的树。如图7-4所示,中断树的一个分支必须专门用于电源管理中断。

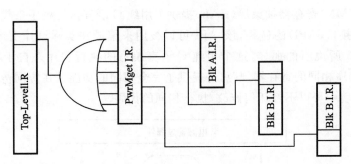

图 7-4   电源管理中断结构

这种方法可用来编写模块化的中断服务子程序,该中断服务子程序带有专门编写的服务于特定报告的中断状态的功能。

规则 7.32

电源管理中断服务子程序应该被封装成为一个单一的功能函数。

通过收集所有的与电源有关的中断状态位组成一个单一的电源管理中断信号,单个函数可以被用来分析引起电源管理中断的原因:即在所有已知的电源状态寄存器中查询与电源有关的中断状态位,然后进行相应的服务。

设计必须用到的或者测试模块想要用的只有电源管理固件,而这种软件结构使得调用该电源管理固件变得十分容易。

```
Power Management Firmware Function
 int
 dut_pwr_mgmt(size_t dut)
 {
    ...
 }
```

7.7 结 论

本章描述了如何构建基于 VMM 的验证环境,以便对设计的电源管理功能进行动态验证的指导原则。为了使这一任务容易实现,它利用了现有的功能验证的基础设施和附录 A 中预先定义的功能。

本章的重点是实现这样一个验证环境,并在该环境的基础上如何编写动态测试案例。这个验证环境只包括一些基本的电源上电测试,并不包括必须执行的具体测试案例。这是因为必须执行的测试取决于待验证的设计和该设计所使用的低功耗体系架构。如第 6 章所描述的那样,在验证规划阶段,这些测试就应该有明确的定义。这些测试应该有助于发现在第 3 章中介绍的所有设计隐患,而使用目前手头的工具,通过静态测试是不可能发现这些隐患的。

　　将本章介绍的指导原则和前面几章介绍的测试计划合并在一起,将确保待测设计(DUT)的电源管理功能实现预期的操作效果。

第**8**章

规则及指导原则

8.1 规则和指导原则的总结

下面总结了前几章提出的规则、指导原则、建议和推荐。

第2章 规则及指导原则

规则 2.1
安全图规则：电源状态表中的每个状态必须有可能至少转移到一个电平与原状态只相差一个挡次的其他状态。

第3章 电源管理

规则 3.1a
立体交叉必须总是在相应的电路保护下运行。

规则 3.1b
若存在使能信号，则必须能根据使能信号，随时启用或禁用保护电路的功能。

规则 3.1c
基于锁存器的隔离器件必须经过从整个电源的上电和断电序列的所有关闭状态到唤醒的测试。

推荐 3.1d
基于锁存器的隔离器件必须用相应的复位信号进行复位。

推荐 3.2
不要使用无门控的锁存器或者上拉/下拉型隔离元件。

规则 3.2a

当源地电源和目的地电源这两个电源电压（V_{DD}）之间的电平差大于技术库的规定值时，必须使用电平换挡器。

规则 3.2b

在确定电平换挡的规定值时必须考虑 V_{DD} 电平的误差。

规则 3.2c

电平换挡还必须由每个源地/目的地电压轨线对上的瞬态条件*确定。

指导原则 3.3a

立体交叉和隔离使能信号是至关重要的覆盖点。

指导原则 3.3b

隔离电平的无效必须予以验证。例如，扇出信号不能与高电平（On）连接在一起，仲裁请求不能连接到表示有效请求的逻辑电平上。

指导原则 3.3

隔离信号应该是电平敏感的，而不是跳变沿敏感的。隔离和释放的动作会产生跳变沿。

规则 3.4

对隔离的冗余激活进行检查必须编写相应的断言。

规则 3.5a

在待机状态时，不要触动任何引脚，特别是时钟，读/写引脚。（待机电压通常支持复位。）

规则 3.5b

必须存在一个时钟门控装置，并且在这种情况下，时钟电平被门控成无效。

规则 3.6a

在供电已被切断岛上的时钟、复位和其他高扇出线网必须被门控成无效。

规则 3.6b

为了防止出现上述错误，必须进行晶体管级的检查。

规则 3.7a

必须用断言按照电压调节器的电压识别码（VID）检测电压的调度。

规则 3.7b

存储器 IP 的说明书或技术文件必须明确指定最低的待机电压。

规则 3.8

必须根据电压源的准确电气性能，为电压源的行为建立模型。

规则 3.9

测试平台和测试案例必须包括一批电源管理的控制和软件观察结果的模型。

---

 * 两条轨线之间的瞬间电压。——译者注

第4章 状态保持

规则 4.1

有选择地保持划分,必须由相应的寄存器测试来验证。

推荐 4.2

恢复后覆盖率(post‐restore coverage)的计量必须以恢复后在操作中用过的寄存器的量数作为依据。

规则 4.3

从保存到恢复之间的一段时间,必须经过测试,用来检查被保存的寄存器是否发生改变,以及对未恢复的寄存器的依赖度。

推荐 4.4

选择性保持必须用于模块级;而且必须避免在一个模块内的划分选择区域。

推荐 4.5

除非设计的体系架构明确地适用于部分状态保持,否则不要采用部分状态保持方案!强烈建议采用全状态保持方案来完成低功耗设计和验证流程。

推荐 4.6

在 RTL 设计中,保持和非保持状态应该有明确的独立复位网络。这样做可以在测试状态保持的执行情况之前,完成电路的功能仿真测试,并使验证工具可以清晰地毫不含糊地操作哪几条复位信号可以对哪些个寄存器进行复位。

规则 4.7

只使用时钟信号的单个跳变沿,以确保时钟门控的锁存状态可以随时正确地得以重新计算。

第5章 多电压测试平台的体系结构和准备

规则 5.1

电源管理软件必须用触发该软件运行的控制回路进行测试。

规则 5.2

不涉及多电压语义的行为模型必须作相应的修改,以响应电源管理事件。

推荐 5.3

在电源管理测试中的待测试设计(DUT)的内部组件,应使用 RTL 模型来表示。

推荐 5.4

在 RTL 模型中应避免使用禁止不确定逻辑值(X)传播的构造。

推荐 5.5

在仿真结果中不一定能观察到仿真中出现的混乱,因此必须用断言来检测这种情况。

规则 5.5

不要使用硬件常量,而应该使用 TIE_HI_<名称> 或 TIE_LO_<名称> 这样的字符串来明确地定义想要的连接。

规则 5.6

确保常量不越过域的边界。必须横跨所有源(若常量跨越边界,则目的地出现状态组合,即多源),全面地分析这些常量的行为。若进行分析,则必须添加(多浪费)一个电平换挡器。

推荐 5.7

避免在电源域边界上的端口映射表达式,这些端口映射表达式很可能造成技术指标的不当,从而很难验证。

规则 5.8

若某域将被关闭,则不要在该域的第一级电路中使用触发器,除非用了输入隔离。验证工具必须确保上述情况属实。

规则 5.9

若域将被关闭,则验证时钟门控使第一级电路变为无效。第一级电路变为无效,意味着该电路必须是 CMOS 栅极连接,或者与该电路挂接的旁路晶体管必须被关闭。

规则 5.10

验证第一级电路为旁路晶体管的元件没有被用在域的边界上。

规则 5.11

必须验证 IP 块符合其原始设计的属性,即使 IP 块的整合没有违反顶层的低功耗意图。

推荐 5.12

IP 的输出端口必须为最终用户提供足够多的断言和覆盖点,以验证其低功耗状态和功能性。

第 6 章 多电压验证

规则 6.1

验证必须首先集中在设计的电气安全性能上。

推荐 6.2

在开始进行动态验证之前,必须找到并改正任何静态可检测的错误。动态验证必须考虑任何尚未找到和改正的错误。

规则 6.3

在测试平台的代码中必须编写断言语句,用以防止与处于关闭或待机模式的块,进行事务交易。

规则 6.3a

必须为已知的位于开机/关机岛上的软件可寻址寄存器编写断言语句,用以验证只有在开机状态时才会发生对这些软件可寻址寄存器的访问。

推荐 6.4

识别起源于开机/关机块的关键控制信号,并验证从这些关键控制信号的电源被关断的状态下跳出,并不依赖于这些控制信号。

规则 6.5

对已完成的设计不但必须进行单独的检查,而且还必须在所有电源状态下,进行是否与原始参考设计等价的检查。

推荐 6.5 *

对每个电源状态而言,必须对该状态涉及的所有主要微架构元件(元素)逐一进行彻底的测试。

建议 6.5

在每个电源状态,对所有逻辑值为 1(On)的覆盖应该尽量接近尽可能地完全(即尽量不遗漏一个逻辑值为 1 的覆盖点)。

推荐 6.6

对每个电源状态而言,必须对该状态涉及的所有主要微架构元件(元素)逐一进行彻底的测试。

推荐 6.7

在每个电源状态,所有逻辑值为 1 的电路,应该尽可能一个不漏地全都检查(覆盖)到。

规则 6.8

必须对状态转移进行测试,以发现是否有可用的异常中止信号。

规则 6.9

为防止多条轨线同时发生变化必须编写相应的断言。

推荐 6.9

必须为每个跨越电压域的立体交叉,编写相应的断言,以防止电平换挡器超出规定的范围。

规则 6.10

对于互相冲突的转移输入,必须测试其电源状态,因而必须把转移的优先权,作为想要的架构,予以解决。

规则 6.11

除了电源状态表、转换和序列外,覆盖还必须计量设计元素,如岛和电源管理控

---

* 原书这里为 Recommendation 6.4,内容与推荐 6.6 完全一致。——译者注

制信号。

规则 6.12

在默认情况下,必须对可配置电源管理层次的尚未配置的功能进行测试。

规则 6.12a

必须对可配置电源管理层次的已编程/已配置功能进行测试。

第 7 章　动态验证

推荐 7.1

电源域应该首先独立验证。

规则 7.2

首先应当验证设计在电源全接通(All – On)情况下的功能。

规则 7.3

应该用能感知电源的仿真器来验证电源被关闭域的正确性。

规则 7.4

电源状态任何改变的开始和结束应该通知响应检查机制。

推荐 7.5

不应该预测电源状态转移效果的确切时间。

规则 7.6

每次电源状态转移后,应该确认功能的正确性。

规则 7.7

自检查结构应当使用 vmm – consensus(vmm –一致)实例来确认观察到的正确性。

建议 7.8

电源状态功能覆盖模型必须包括电源状态路径。

规则 7.9

状态保持的电源状态应该不经过复位访问。

规则 7.10

每个保持单元应该保持非复位值。

规则 7.11

可调整的时钟频率,应当予以验证。

规则 7.12

电源全接通(All – On)验证环境应当被设计成能支持随后的电源验证。

规则 7.13

vmm_env∷rst_dut()方法不应该扩展。

规则 7.14

应当用 vmm_env::power_on_reset()方法的扩展为上电复位时序建立模型。

规则 7.15

应当用 vmm_env::hw_reset()方法的扩展为有效的外部硬件复位序列建立模型。

规则 7.16

应该用 vmm_env::power_up()方法的扩展令待测设计(DUT)进入电源全接通状态。

推荐 7.17

若使用寄存器抽象层,则不应该把不同电源域中的寄存器放在一个组中。

规则 7.18

时钟门控模型,不应该使用延迟,也不得使用非阻塞赋值。

规则 7.19

异步复位信号至少应该保持有效一个时钟跳变沿。

规则 7.20

vmm_env::reset_dut()任务体,应该在虚拟任务中实现。

规则 7.21

应该使用简短的广谱随机测试。

规则 7.22

自检查结构应该是可以复位的。

当器件复位时,所有悬而未决的激励将被消除。类似地能够消除任何悬而未决期望响应的响应检查结构是十分必要的。

规则 7.23

为了实现可靠的(FIRM)复位,应该调用虚拟的 vmm_env::reset_env()任务。

规则 7.24

应该使用广谱随机测试。

规则 7.25

只有在 vmm_env::build()步骤后启动的线程,才应该在调用 vmm_env::restart_test()任务前被异常中止。

规则 7.26

电源管理固件代码应该予以验证。

规则 7.27

电源管理固件代码一旦通过验证,就不得随意修改。

规则 7.28

应该使用寄存器级协同仿真的应用编程接口(API)。

规则 7.29

寄存器级协同仿真 API 的纯 C 语言代码将被用来编译在目标处理器上运行的

固件。

规则 7.30

所有硬件到固件的事件通知应该通过中断传达。

规则 7.31

所有与电源相关的中断状态位,应该经过一个多输入或门合并成为一个单一的电源管理中断状态位。

规则 7.32

电源管理中断服务子程序应该被封装成为一个单个的功能函数。

附录 A

VMM‒LP 基础类和应用程序包

本附录规定了一组基础类和实用工具类的详细行为,这些类可用于实现本书描149述的 VMM‒LP(低功耗验证)方法学。这些类,正如《SystemVerilog 验证方法学 》的附录 A 和 VMM Application 软件包中所描述的那样,被指定为 VMM 标准库的补充。这些类的具体实现留给每位工具供应商去完成。第 7 章"动态验证"提供了有关如何使用这些类的详细指导原则。

目前,只有不同于或没有被包括在下列三本书中的那些类,才被包括在本书的附录 A 中:

① 《SystemVerilog 验证方法学》附录 A。

② 《VMM 标准库用户指南》附录 A。

③ 《VMM 寄存器抽象层用户指南》。

A.1 RALF 框架*总结

- "寄存器",第 150 页
- "存储器",第 150 页
- "块",第 151 页
- "系统",第 151 页

150

---

* RALF,Register Abstraction Layer File,即寄存器抽象层文件的英文缩写,该文件实际上是一种基于 Tcl 8.5 语法格式的文件。当验证工程师使用 VMM RAL 技术时,若使用 RALF 文件对设计中的寄存器和 memory 进行描述,则可由工具自动产生相应的基于 SystemVerilog 语言的描述。RALF 还提供了与 C 语言的应用程序接口 API。——译者注

A.1.1　寄存器

下列属性被添加到寄存器的 RALF 规范中。

```
Properties
    [attributes {
        <name> <value>[, ...]
    }]
```

给由用户定义的某个特定属性指定一个值。可以定义多个属性,只要在定义属性时,把每个属性值对用逗号分隔。若该值包含多个空格,则必须把该值放在双引号之间。

例 A-1 寄存器的属性规范

```
register R {
    ...
    attributes {
    NO_RAL_TESTS 1,
      RETAIN        1
        }
}
```

A.1.2　存储器

以下属性被添加到存储器的 RALF 规范中。

```
Properties
        [attributes {
        <name> <value>[, ...]
        }]
```

给由用户定义的某个特定属性指定一个值。可以定义多个属性,只要在定义属性时,把每个属性值对用逗号分隔开。若该值包含多个空格,则必须把该值放在双引号之间。

A.1.3　块

以下属性被添加到块的 RALF 规范中。

```
Properties
    [attributes {
        <name> <value>[, ...]
    }]
```

给由用户定义的某个特定属性指定一个值。可以定义多个属性,只要在定义属性时,把每个属性值对用逗号分隔开。若该值包含多个空格,则必须把该值放在双引号之间。

A.1.4 系 统

以下属性被添加到系统的 RALF 规范中。

```
Properties
    [attributes {
        <name> <value>[, ...]
    }]
```

给由用户定义的某个特定属性指定一个值。可以定义多个属性,只要在定义属性时,把每个属性值对用逗号分隔开。若该值包含多个空格,则必须把该值放在双引号之间。

A.2 VMM – LP 类库规范

本节规定了一组基础类和实用工具类的详细行为,这些类可用于实现本书《VMM 低功耗验证方法学》描述的 VMM – LP 方法学。这些类被指定为 VMM 标准库的补充,正如在《SystemVerilog 验证方法学》附录 A、《VMM 标准库用户指南》附录 A 以及《VMM 寄存器抽象层用户指南》所描述的那样。

这些类按照类名的字母顺序记录在文件中。每个类的方法按照逻辑顺序排列,结果类似的方法按顺序记录在文件中。在每个类规范的开始,提供了所有可用方法的简单介绍和索引,按照索引指出的页面,可以找到每个类的详细资料。

只有不同于,或者没有列在:①《SystemVerilog 验证方法学 》附录 A ;②《VMM标准库用户指南》附录 A ;③《VMM 寄存器抽象层用户指南》三本书中的类,才包括在本附录中。

VMM – LP(低功耗验证)类库提要:

- vmm_env, 第 152 页
- vmm_lp_design,第 155 页
- vmm_lp_transition,第 169 页
- RAL,第 172 页

A.2.1 VMM_ENV

下列成员被添加到 vmm_env 类,或在 vmm_env 类中被修改。

提要：

- vmm_env::hw_reset()，第 152 页
- vmm_env::power_on_reset()，第 153 页
- vmm_env::reset_dut()，第 153 页
- vmm_env::power_up()，第 154 页
- vmm_env::cfg_dut()，第 154 页

1. vmm_env::hw_reset( )

硬件复位序列。

SystemVerilog

```
    virtual task hw_reset();
```

描　述

对活动着的设计执行硬件复位序列。本方法不同与其他方法,在于本方法假设所有的时钟和电源信号都是有效活动着的,并且设计将对硬件复位信号的有效,迅速地做出响应。

本方法可能会被多次反复地调用,用来复位待测设计。

在默认情况下,本方法不做任何操作。在各种不同的环境下,对整个待测设计(DUT)进行快速硬件复位时,必须使用本方法。

2. vmm_env::power_on_reset( )

上电复位序列。

SystemVerilog

```
    virtual protected task power_on_reset();
```

描　述

执行上电复位序列的初始化,包括使能时钟源的初始化。本方法由 vmm_env::reset_dut()方法自动调用,绝对不能直接调用。

本方法不同于其他方法在于本方法假设所有的时钟和电源信号都是断开的,并且在上电期间的硬件复位信号变为有效的模拟本质已准确地建模。

本方法的默认执行调用该方法(the method)。当没有使用能感知电源的仿真器时,这个默认功能应该是足够的。

3. vmm_env::reset_dut( )

复位仿真步骤。

SystemVerilog

```
        virtual task reset_dut();
```

描 述

本方法执行在测试仿真序列中的待测设计(DUT)的复位仿真步骤。

本方法启动本任务,另外本方法也不应该被重载(overloaded)。

本方法可以由测试案例直接启动,把仿真的状态移过待测设计的复位阶段。一旦本方法返回,该设计处在默认的初始状态中,并应该处于准备被配置状态。

154

4. vmm_env::power_up( )

给待测设计上电。

SystemVerilog

```
virtual task power_up();
```

描 述

为执行测试,给设计上电。本方法自动地由该方法调用,不得直接启动。

本方法的默认实现是空的。若待测设计是在该方法执行后的断电状态中初始化的,则为了使设计进入必须的活动状态,必须执行该方法。

本方法的第一级实现应该把待测设计置于全接通或完全上电状态,允许进行任何功能的测试,不必担心因为该待测设计有部分电路断电,而使有些功能不能测试。

本方法的第二级实现可以被用来把待测设计置于测试专用的初始电源状态中。

5. vmm_env::cfg_dut( )

执行待测设计(DUT)配置的仿真步骤。

SystemVerilog

```
virtual task cfg_dut();
```

描 述

本方法在测试的仿真序列中执行待测设计(DUT)配置的仿真步骤。

本方法确保该方法已经被启用,然后再调用本任务。本方法的任何由用户定义的实现必须首先调用 super.cfg_dut()。

155

为了把仿真状态移到 DUT 配置阶段之后,本方法可以由测试案例直接调用。一旦本方法返回,则该待测设计处在已知的配置状态,从而应该准备好接受激励信号。

6. vmm_env::reset_dut( )

复位仿真环境。

SystemVerilog

```
virtual protected task reset_env();
```

描 述

本方法指定环境如何复位到 vmm_env::reset_dut()仿真阶段被调用之前的状

态。当调用 vmm_env::restart（vmm_env::FIRM）方法，使仿真序列重新开始时，本方法将被自动调用。

默认情况下，本方法是空的。为了允许硬件复位的意外中断，接着又能重新恢复测试案例正常运行的每个仿真环境都必须做相应的调整才能实现。做这件事情必须非常仔细，将回调的注册表做相应的注册取消，并把所有在 vmm_env::build() 步骤结束后开始的线程逐个杀死。所有的事务必须都用 vmm_xactor::reset_xactor()方法复位，所有通道必须用 vmm_channel::flush()方法刷新，所有的记分板必须被擦干净。

A.2.2　vmm_lp_design

本类执行电源状态管理服务，该服务可以反映待测设计当前的电源状态。本类为不同电源状态之间转移提供了一个接口。本类还能维持电源状态的相关性，以确保不违反电源转移序列。

本类的单个实例可以管理并跟踪某个设计中的电源状态，可以定义该设计中的各电源域。同样，不但可以定义每个电源域的各个电源状态，而且还可以定义子程序，使该设计的电源域从某个状态转移到另一个特定状态。

也可以定义电源状态的相关性。例如，可能存在这样的相关性，即必须把电源域 A 置为 ON（开启），才能够转移电源域 B。电源状态的相关性既可以被检查（例如，当电源域 A 被置为 OFF（关闭）期间，若要求电源域 B 发生转移，随即报告运行出错，也可以被强制（例如，同一个要求 B 发生转移的请求可能隐含地引起电源域 A 预先被置为 ON（开启）的请求。

把本类的多个实例组织起来，可以描述由许多个独立小设计（每个都有自己的电源域和状态）组成的大设计。

总　结

vmm_lp_design::new(),第 157 页

vmm_lp_design::log (),第 157 页

vmm_lp_design::notify (),第 157 页

vmm_lp_design::STATE_CHANGE,第 158 ()页

vmm_lp_design::EXTERNAL_SUPPLY ,第 158()页

vmm_lp_design::define_domain (),第 158 页

vmm_lp_design::define_mode(),第 159 页

vmm_lp_design::define_subdesign(),第 160 页

若把 shared_external_supply 参数设置为 FALSE，则该子设计的外部电源被假设为受较高层次设计的控制。在第 170 页上介绍的方法执行的电源状态转移码，必须正确地指定该子设计的外部电源是打开的或关闭的。

vmm_lp_design::how_to(),第 161 页

验证电源状态管理器的配置的完整性和正确性。若返回 TRUE,则电源状态管理器的配置完整而且正确。每当任何修改设计电源状态的任何方法(例如,,,或者)被首先调用的话,则本方法就被隐含地调用。

一旦本方法已被调用,并且电源状态管理器的配置已被确认为合法,则电源状态管理器的配置被冻结,并且再也不能被修改。

vmm_lp_design::get_domains(),第 162 页

vmm_lp_design::get_states(),第 162 页

vmm_lp_design::get_modes(),第 163 页

vmm_lp_design::notification_id(),第 163 页

vmm_lp_design::external_power(),第 164 页

多次重复指定外部供电电源的同一个状态,对该设计中的电源域的状态不会产生新的影响。

vmm_lp_design::hw_reset(),第 164 页

vmm_lp_design::psdisplay(),第 165 页

返回人们可以读懂的有关该设计当前电源状态的描述。每一行描述都以指定的前缀作为前缀。

vmm_lp_design::where(),第 165 页

vmm_lp_design::is_in(),第 165 页

vmm_lp_design::is_active(),第 166 页

vmm_lp_design::is_transient(),第 167 页

vmm_lp_design::in_mode(),第 167 页

若该设计同时处于一个以上模式(即存在由不同电源域的多个状态定义的两种模式的可能性),则用字母'+分隔单个电源模式的名,返回该名。

vmm_lp_design::goto_state(),第 167 页

vmm_lp_design::wander(),第 168 页

vmm_lp_design::goto_mode(),第 169 页

157

1. vmm_lp_design::new( )

创建一个电源状态管理服务实例。

SystemVerilog

```
function new(string name);
```

描　述

为一个有指定名称的设计创建一个电源状态管理服务实例。

该指定的名称将被用作这个电源状态管理服务实例的信息服务接口实例的实例名(请参阅 vmm_lp_design::log,第 157 页)。

2. vmm_lp_design∶∶log

信息服务接口实例。

SystemVerilog

```
        vmm_log log;
```

描　述

用于这个电源状态管理服务实例的信息服务接口实例。

信息服务接口的名称是电源状态管理器。它的实例名是电源状态管理服务实例的名称。

3. vmm_lp_design∶∶notify

通知服务接口实例。

SystemVerilog

```
        vmm_notify notify;
```

描　述

电源状态管理服务实例的事件通告接口实例。

这些与(and)通告是为电源状态管理服务的所有实例预先定义好的。这些通告也是自动地为采用本方法定义的每个电源域定义的。每当电源域的状态发生改变时,这些域就发布通告。

4. vmm_lp_design∶∶STATE_CHANGE

设计中电源状态改变的通告。

SystemVerilog

```
        typedef enum {STATE_CHANGE};
```

描　述

预定义的通告表明:电源状态的改变不是刚开始,就是刚结束。通告的状态是描述该状态改变的类的一个实例。

每当本方法被用于从一个电源状态转移到另一个电源状态时,就自动发布该通告。不应该直接修改本通告的状态。

5. vmm_lp_design∶∶EXTERNAL_SUPPLY

外部供电电源的状态通告。

SystemVerilog

```
    typedef enum {EXTERNAL_SUPPLY};
```

描　述

预先定义的 ON_OFF (开_关)通告表明该设计当前的外部供电电源状态正如由本方法指定的那样。

不应该直接修改该通告的状态。

6. vmm_lp_design∷define_domain( )

定义一个电源域。

SystemVerilog

```
    function bit define_domain(string name,
 string states[])
```

159

描　述

用指定的名称和指定的状态名称定义一个电源域。电源状态之一必须被命名为ON。第一个电源状态被假设为硬件复位后或者上电复位后该域的初始状态名。域名中不能包含'.'字符。

若状态的名称被指定放在两个前向斜杠符号之间,则从状态名中把斜杠符号剥除,而且该状态被解释为是一个中间的逻辑状态。中间逻辑状态是涉及从一个稳定电源状态到另一个状态转移的暂态。

若状态的名字用感叹号结束,其含义是:当电源状态进入该状态时,则指定该域的功能有效。ON 状态被假设为有效状态,因此没有必要写感叹号。感叹号必须放在框住有效中间逻辑状态的两个正斜杠之间。感叹号不属于最后的状态名字的一部分。

若该域被定义为如规定的那样,则返回 TRUE。若在该域的规范中存在错误,则返回 FALSE。

每当定义一个电源域,也就在通告服务接口中定义了相应的通告。通过使用本方法,可以获得对应于已定义域通告的标识符。

举例说明

例 A - 2

```
pwr_mgr.define_domain("IO", '{"off","ON * ","/ramp * /",
 "Idle * ","stdby","/retain/","/restore/"});
```

7. vmm_lp_design∷define_mode( )

定义电源模式。

SystemVerilog

```
    function bit define_mode(string name,
    string states[])
```

160

描　述

定义一个电源状态的组合为一个具有指定名称的稳态工作模式。电源状态是使用"域/状态"格式指定的,其中域是该电源域的名,状态是该域电源状态的名。为了在指定的模式中考虑该设计,在该电源状态列表中的所有域都必须在这个指定的电源状态中。电源模式的名称不可以包含'＋'或'．'字符。

两种模式是预先定义的。INITIAL（初始）模式是由所有电源域的初始电源状态组成的,正如本方法定义的那样。ALL-ON(全接通)模式是由所有电源域的 ON(开机)电源状态组成的。

若电源模式被定义为如指定的那样,则返回 TRUE。若在该电源模式规范中存在错误,则返回 FALSE。

8.　vmm_lp_design∶∶define_subdesign( )

定义一个有层次结构的电源受管理的设计。

SystemVerilog
```
        function bit define_subdesign(string name,
    subdesign,
 bit shared_external_supply = 1)
```

描　述

包括指定的电源状态管理服务,以构成在指定名称下接受该电源状态管理服务的设计。本方法可以被用来组装和配置电源状态管理服务,以构成层次化的电源受管理的设计。

一旦电源状态管理服务已被定义为另一个电源状态管理服务的子设计,其所有的电源域和电源模式可使用更高层次的电源状态管理服务。从属于子设计的电源域或电源模式是由子设计名和一个'．'字符做前缀来指定的。例如,从属于子设计VIDEO 的电源域 DSP 会被指定为 VIDEO.DSP

若把 shared_external_supply 参数设置为 TRUE,则该子设计的外部电源与更高层次设计的外部电源相同。使用本方法对更高层次设计的外部电源进行开/关操作,意味着对该子设计的外部电源也进行同样的开/关操作。

若把 shared_external_supply 参数设置为 FALSE,则该子设计的外部电源被假设为受较高层次设计的控制。在前文介绍的方法执行的电源状态转移码,必须正确地指定该子设计的外部电源是打开的或关闭的。

9.　vmm_lp_design∶∶how_to( )

定义如何改变电源状态。

SystemVerilog
```
        function bit how_to(
    string          domain,
    string          from_state,
    string          to_state,
                    goto,
    string          requires[])
```

描　述

指定如何把电源域从某个指定的电源状态转移到另一个电源状态。转移的起始状态由与某个指定的电源状态名匹配的正则表达式表示,从该电源状态出发就可以转移到指定的电源状态。

也许还可以为其他域指定必要的电源状态清单。指定必要的电源状态必须使用域/状态格式。在域/状态格式中,域是一个与必要的电源域名字匹配的正则表达式,而状态是与必要的状态名匹配名字的一个正则表达式。在必要的电源状态清单中的所有匹配域,必须处在匹配的必要的(可能发生转移的)状态。如果没有指定必备条件,则假设有一个隐含的必备条件"./.",表示电源领域可以被转移到指定的电源状态,而不管其他电源域的状态。

若指定的域和状态以及所有必备条件至少匹配一个域和状态,则返回 TRUE。若指定的是一个未知域或状态,则返 FALSE。

10. vmm_lp_design∶check_config( )

检查电源状态管理器的配置。

```
SystemVerilog
      function bit check_config()
```

描　述

验证电源状态管理器的配置的完整性和正确性。若返回 TRUE,则电源状态管理器的配置完整而且正确。每当任何修改设计电源状态的任何方法(例如,,,或者)被首先调用的话,则本方法就被隐含地调用。

一旦本方法已被调用,并且电源状态管理器的配置已被确认为合法,则电源状态管理器的配置被冻结,并且再也不能被修改。

11. vmm_lp_design∶get_domains( )

取得已定义的电源域。

```
SystemVerilog
    function void get_domains(ref string names[])
```

描　述

用电源管理服务的这个实例中所有已定义的电源域的名来替换该数组的内容。本方法并没有指定返回域在该数组中的排列顺序。

12. vmm_lp_design∶get_states( )

取得已定义的电源状态。

```
SystemVerilog
      function void get_states(string domain,
```

162

```
ref string names[])
```

描　述

用在电源管理服务的这个实例中指定电源域中所有已定义的电源状态的名来替换该数组的内容。

本方法并没有指定返回状态在该数组中的排列顺序,除非第一个状态是硬件复位后的该域的初始电源状态。

若指定了非法域名,则发出一个出错信息,并且返回一个空的状态名数组。

13.　vmm_lp_design::get_modes( )

返回已定义的电源模式。

SystemVerilog
```
function void get_modes(ref string modes[])
```

描　述

用在电源管理服务的这个实例中所有已定义的电源模式的名来替换该数组的内容。

本方法并没有指定返回的模式在该数组中的排列顺序。

14.　vmm_lp_design::notification_id( )

取得某个电源域的通告标记。

SystemVerilog
```
function int notification_id(string domain = "")
```

描　述

返回对应于指定电源域状态改变通告的通告标记。这就是对每个已定义电源域自动定义的通告标记。

该通告是一个 ON_OFF(1/0)通告,每当该域退出一个状态,则该通告被复位(为 0),而每当该域进入一个新状态,则该通告被标明(置 1)。当该域处于两个电源域之间,则该通告被复位(为 0),而当该域处于很确定的电源状态,则该通告标明(置 1)。

一直等到电源域的状态被明确地定义,该通告才第一次被复位。通过指定该设计已被复位,或者指定外部供电电源已经被接通,通常可以用来明确地定义电源域的状态。

若指定的域并不存在,则发出一个出错信息,并返回一个违法通告标识号。若没有指定域名,则返回整个设计的外部供电电源的状态改变通告的标识状态(即通告标识的值)。

15.　vmm_lp_design::external_power( )

指定外部供电电源的状态。

SystemVerilog
```
function void ext_power(vmm_lp::state_e on_off);
```

描　述

指定外部供电电源的当前状态为 vmm_lp::ON 或者为 vmm_lp::OFF。该设计以把外部供电电源的状态隐含地指定为 OFF 作为开始。外部供电电源的状态由该通告反映。若外部供电电源的状态开始为 OFF,后来被指定为 ON 时,则所有已定义的电源域的状态全都被设置为它们的初始状态,正如由本方法所定义的那样,而且可以在以后的步骤里改变所有已定义的电源域状态。

若外部供电电源的状态原先为 ON,此刻将外部供电电源的状态指定为 OFF,即使没有明确地指明某一电源域此刻应进入 OFF 状态,所有电源域将被强迫进入 OFF 状态。

多次重复指定外部供电电源的同一个状态,对该设计中的电源域的状态不会产生新的影响。

16. vmm_lp_design::hw_reset( )

指明该设计已被复位。

SystemVerilog
```
unction void hw_reset();
```

描　述

向电源管理服务表明已从外部对该设计进行了复位。把所有已定义域的电源状态复位到它们各自的初始电源状态。

165

17. vmm_lp_design::psdisplay( )

打印该设计的电源状态。

SystemVerilog
```
function string psdisplay(string prefix = "");
```

描　述

返回人们可以读懂的有关该设计当前电源状态的描述。每一行描述都以指定的前缀作为前缀。

18. vmm_lp_design::where( )

取得某个域的当前电源状态。

SystemVerilog
```
function string where(string domain = "");
```

描　述

返回该指定电源域的当前电源状态的名。若该设计正在从一个状态转移到另外一个状态,则返回一个格式为 from_state -> to_state 的字符串。

若指定的域并不存在,则返回一个错误信息和一个空字符串。

若没有指定域,则返回整个设计的外部供电电源的状态(即 ON 或者 OFF),正如由本方法最后指定的那样。

19. vmm_lp_design::is_in()

检查某个域的当前电源状态。

SystemVerilog
```
       function bit is_in(string domain,
        string state)
```

描　述

检查某指定的电源域是否处在指定的状态。若指定的域确实处在指定的状态,则返回 TRUE。若域被指定为空字符串(即″″),则外部供电电源的状态被检查,只有合法的状态才能被指定为 ON 或者 OFF。

若指定的域不存在或者在指定的域中并不存在该指定的状态,则发出错误信息。

20. vmm_lp_design::is_in_transition()

检查某个域是否处在两个状态的转移中。

SystemVerilog
```
      function bit is_in_transition(string domain)
```

描　述

检查该指定的电源域是否当前正处在两个状态的转移过程中。若该指定的域当前正在转移,则返回 TRUE。若该指定的域并不存在,则发出错误信息。

21. vmm_lp_design::is_active()

检查该指定的域当前是否处在有效的活跃状态。

SystemVerilog
```
      function bit is_active(string domain)
```

描　述

检查该指定的电源域是否处在指定的有效活动状态(用' * '作后缀)。若该指定的电源域确实处在有效的活动状态,则返回 TRUE。

若该指定的电源域并不存在,或者被指定为空字符串("")，则发出一个错误信息。

22. vmm_lp_design::is_transient()

检查指定的域当前是否正处在瞬变逻辑状态。

SystemVerilog

```
    function bit is_transient(string domain)
```

描　述

检查指定的域是否处在曾被指定为中间的逻辑状态(位于两个前向的斜杠之间)。若该指定的域确实处在瞬变状态,则返回 TRUE。

若该指定的电源域并不存在,或者被指定为空字符串(""),则发出一个错误信息。

23. vmm_lp_design::in_mode( )

返回当前的电源模式。

SystemVerilog

```
    function string in_mode()
```

描　述

返回该设计当前所在的电源模式名。若该设计当前处在不稳定的状态电源模式,则返回一个空字符串。

若该设计同时处于一个以上模式(即存在由不同电源域的多个状态定义的两种模式的可能性),则用字母'＋'分隔单个电源模式的名,返回该名。

24. vmm_lp_design::goto_state( )

进入指定的电源状态。

168

SystemVerilog

```
    task goto_state(
    ref bit            ok,
    input string       domain,
    input string       state
    input bit          require = 1)
```

描　述

把指定的电源域转移到指定的电源状态。若转移成功,则把 ok 设置为 TRUE。

若 require(见例子第 5 行)的参数等于 TRUE,则令任何要求的电源域进入必备的电源状态所必需的电源状态转移是预先隐含地完成的。若 require 的参数等于 FALSE,且任何要求的电源域并不处在必备的电源状态,则报告出错。

一旦完成(电源状态的)转移,与该电源域关联的通告将被发布。

25. vmm_lp_design::wander( )

执行一个随机的电源状态转移。

SystemVerilog

```
    task wander(
```

```
ref bit            ok,
ref                transition,
input bit          blindly = 0)
```

描　述

随机地挑选一个可以用作设计的当前电源状态基础的电源状态转移。返回的转移状态被放置在 ok 中。在被随机选中后,选中的电源状态转移的描述立即被分配到转移。

若 blindly 被设置为 FALSE,则尚未被采用的电源状态转移将被优先于早已被采用过那些转移而被挑选出来。若 blindly 被设置为 TURE,则所有可能的电源状态转移,无论早先是否被采用过,被挑选上的概率全都相同。

若某域当前处于中间逻辑状态,则转移出该中间逻辑状态将优先于把一个域转移出稳定状态的电源状态。

26. vmm_lp_design∷goto_mode()

进入指定的电源模式。

SystemVerilog

```
task goto_mode(
 ref bit ok,
 input string   mode)
```

描　述

通过将必须的电源域转移到各自要求的电源状态,把设计置于指定的电源模式。若转移成功,则把 ok 置为 TRUE。

A.2.3　vmm_lp_transition

本类的实例指定如何把电源域转移到指定的电源状态。

这是一个虚拟类,使用时必须进行扩展。每个扩展指定如何把一个电源域从一个电源状态转移到另外一个电源状态。

总　结

1. vmm_lp_transition∷log

信息服务接口实例。

SystemVerilog

```
      protected vmm_log log;
```

描　述

电源状态管理服务实例的信息服务接口实例,本电源状态转移描述符被用于该信息服务接口实例。

在执行电源状态转移期间,引用该电源状态管理服务实例的信息服务接口可以发出信息。

2.　vmm_lp_transition::goto( )

执行这个电源状态转移任务。

SystemVerilog

```
      pure virtual protected task goto(ref bit ok)
```

描　述

本方法指定如何把一个指定的电源域从一个特定的电源状态转移到另一个电源状态。本方法必须被重载以执行任何必要的步骤来发起并完成电源状态的转移。

若状态转移成功,则本方法的执行必定把 ok 设置为 TRUE。否则将把 ok 设置为 FALSE。

本方法的默认执行发出一个状态转移还没有被执行的信息。因此任何由用户定义的本方法的扩展一定不能用 super. goto()调用默认的执行。

3.　vmm_lp_transition::get_lp_design( )

取得管理该转移的电源状态管理器。

SystemVerilog

```
      function  get_lp_design()
```

描　述

本方法返回电源状态管理服务实例,使用本方法,本类的这个实例已与电源状态管理服务实例互相关联在一起。

若本类实例尚未与某个电源域发生关联,则返回 0。

4.　vmm_lp_transition::get_domain( )

取得正在被转移的域。

SystemVerilog

```
      function string get_domain()
```

描　述

本方法返回用本方法与本类的这个实例有关联的域名。

若本类实例尚未与某一个电源域发生关联,则返回空字符串。

5. vmm_lp_transition∶∶get_from_state( )

取得正在被转移的状态。

SystemVerilog

```
function string get_from_state();
```

描 述

本方法返回用本方法与本类的这个实例有关联的源电源状态名。

若本类实例尚未与某一个电源域发生关联,则返回空字符串。

6. vmm_lp_transition∶∶get_to_state( )

取得正在被转移到的状态。

SystemVerilog

```
function string get_to_state();
```

描 述

本方法返回用本方法与本类的这个实例有关联的目的地电源状态名。

若本类实例尚未与某一个电源域发生关联,则返回空字符串。

7. vmm_lp_transition∶∶is_done( )

检查状态转移是否完成。

SystemVerilog

```
function bit is_done();
```

描 述

若电源状态的转移已经完成,且该域处在其目的地电源状态,则本方法返回 TRUE。若电源状态的转移当前正在进行之中,或者若该域正处在不同的电源状态, 则本方法返回 FALSE。

本方法可以把电源状态转移开始的通告标记与电源状态转移完成的通告标记区别开来,前者返回 FALSE,后者返回 TRUE。

A.3 RAL

下列方法和类已被添加到 RAL 应用软件包中:

总 结

vmm_ral_block_or_sys∶∶set_attribute(),第 173 页

vmm_ral_block_or_sys∶∶get_attribute(),第 174 页

vmm_ral_block_or_sys∶∶get_all_attributes(),第 174 页

1. vmm_ral_block_or_sys::set_attribute( )

给块或者系统设置一个属性。

SystemVerilog

```
virtual function void set_attribute(string name,string value);
```

描　述

给这个块或者系统的指定属性设置指定的值。若值被指定为″″,则指定的属性被删除。若现有的属性被修改,则发出一个警告。

属性名是字母大小写敏感的。

2. vmm_ral_block_or_sys::get_attribute( )

从某个块或者系统取得一个属性。

SystemVerilog

```
virtual function string get_attribute(string name,
bit inherited = 1);
```

描　述

从这个块或者系统取得指定属性的值。若该属性不存在,则返回″″。

若参数 inherited(见上例第 2 行) 等于 TRUE,则该属性的值从包括并最接近本系统的系统中继承,若没有为这个块,或者系统指定属性的话。若参数 inherited 等于 FALSE,则返回的值为″″,若在这个块或者系统中该属性并不存在的话。

174

属性名是字母大小写敏感的。

3．vmm_ral_block_or_sys∷get_all_attributes( )

取得一个块，或者系统的所有属性。

SystemVerilog

```
virtual function void get_all_attributes(
ref string names[],
input bit inherited = 1);
```

描　述

返回一个数组，该数组中的元素是为这个块或者系统定义的属性名。

若参数 inherited(见上例第 3 行)等于 TRUE，则从包含本系统的(多个)系统继承的所有属性的值都被包括在内。若该参数被指定为 FALSE，只返回为该块或者系统定义的属性。

没有指定属性名返回的次序。

4．vmm_ral_block_or_sys∷power_down( )

指定关闭一个块或者系统的电源。

SystemVerilog

```
virtual function void power_down(bit retain = 0);
```

描　述

指定本系统中的本块或本系统的所有块已经被置于省电状态。对电源已被切断块内的任何寄存器或者存储器的读写访问都将导致运行时的错误信息，以及 vmm_ral∷ERROR 状态码。

若参数 retain 等于 TRUE，则带一个继承的非零 RETAIN 属性值的寄存器镜像值将被维持，并当该块的电源用本方法被恢复时，该镜像值将被恢复。若保持参数是FALSE，则当该块或者系统的电源恢复时，寄存器的镜像值将被设置到复位值。

带保持使能的电源被关闭的块可以用禁止保持使能，令电源进一步切断。

5．vmm_ral_block_or_sys∷power_up( )

指定电源恢复对块的供电。

SystemVerilog

```
virtual function void power_up(string power_domains
= "");
```

描　述

系统和存储器中有这样的块，或者多个这样的块，其内部带有继承来的 POWER_DOMAIN 属性值，而且该值又符合指定的电源域正则表达式。指定这样的块已经被恢复到电源接通的上电状态。若电源域被指定为""，则该系统中的这样的块和多个这样的块以及这些块中的任何存储器被恢复供电,而不管其 POWER_DOMAIN 属性值如何设置。

若用参数 retain 等于 TRUE 的本方法将某块的供电关闭,则带继承来的非零 RETAIN 属性值的寄存器镜像值被恢复。否则寄存器的镜像值被设置到指定的复位值。默认情况下,块或者系统是有供电的。

176

6. vmm_ral_mem∷set_attribute( )

为存储器设置属性。

SystemVerilog

```
virtual function void set_attribute(string name,
string value);
```

描　述

为这个存储器设置指定的属性至这个指定的值。若该值被指定为"",则该指定的属性被删除。

若现存的属性被修改,则发出一个警告。

属性名是字母大小写敏感的。

7. vmm_ral_mem∷get_attribute( )

取得存储器的属性。

SystemVerilog

```
virtual function string get_attribute(string name,
bit inherited = 1);
```

描　述

取得为这个存储器指定的属性值。若该属性不存在,则 返回 ""。

若参数 inherited 等于 TRUE,则该属性的值继承自最接近的封闭块或者系统,若该属性不是为该存储器指定的。若继承来的参数被指定为 FALSE,则返回值 "",若在这个存储器中,该属性不存在。

属性名是字母大小写敏感的。

177

8. vmm_ral_mem∷get_all_attributes( )

取得一个存储器的所有属性。

SystemVerilog

```
virtual function void get_all_attributes(
ref string names[],
input bit inherited = 1);
```

描　述

返回一个数组,数组中的元素是为这个存储器定义的属性名。

若参数 inherited 等于 TRUE,则继承自封闭块和系统的所有属性值都被包括在内。若继承的参数被指定为 FALSE,只返回为这个存储器定义的属性。

不指定属性名被返回的次序。

9. vmm_ral_mem::power_down()

指定切断一个存储器的供电。

SystemVerilog

```
virtual function void power_down();
```

描　述

指定这个存储器已经被置于省电状态。对该存储器内部任何地址的读写访问将导致运行时错误信息,并且产生一个 vmm_ral::ERROR 状态码。

10. vmm_ral_mem::power_up()

指定存储器的电源恢复供电。

SystemVerilog

```
virtual function void power_up();
```

描　述

指定把这个存储器恢复到有电源供电的上电状态。

11. vmm_ral_reg::get_reset()

取得一个寄存器的复位值。

SystemVerilog

```
virtual function bit [63:0] get_reset(
vmm_ral::reset_e kind = vmm_ral::HARD);
```

描　述

返回为寄存器指定的复位值。

12. vmm_ral_reg::set_attribute()

为寄存器设置一个属性。

SystemVerilog

```
virtual function void set_attribute(string name,
string value);
```

描　述

为这个寄存器设置指定的属性至指定的值。若该值被指定为"",则指定的属性被删除。

若现存的属性被修改,则发出一个警告。

属性名是字母大小写敏感的。

13. vmm_ral_reg::get_attribute( )

取得寄存器的属性。

179

SystemVerilog

```
virtual function string get_attribute(string name,
bit inherited = 1);
```

描　述

为这个寄存器取得指定的属性值。

若属性不存在,则返回""。若参数 inherited 等于 TRUE,则该属性的值是继承自最接近的封闭块或者系统,若没有为该寄存器指定属性的话。若继承的参数被指定为 FALSE,则返回值"",若在这个寄存器中不存在该属性的话。

属性名是字母大小写敏感的。

14. vmm_ral_reg::get_all_attributes( )

为寄存器取得所有属性。

SystemVerilog

```
virtual function void get_all_attributes(
ref string names[],
input bit inherited = 1);
```

描　述

返回一个数组,数组中的元素是为这个寄存器定义的属性名。

若参数 inherited 等于 TRUE,则继承包含块和包含系统的所有属性值都被包括在内。若继承的参数被指定为 FALSE,只返回为这个寄存器定义的属性。

不指定属性名被返回的次序。

15. vmm_ral_tests::bit_bash( )

验证寄存器中的位。

180

SystemVerilog

```
static task bit_bash(vmm_ral_block blk,
string domain,
vmm_log log);
```

描　述

对指定块中的指定域中可找到的寄存器中的每一比特位进行测试,确保其行为与指定的一致。凡指定为 USER 或者 OTHER 模式的字段中的位都不验证。若域被指定为 "",则所有寄存器都必须测试。凡属性为 NO_BIT_BASH_TEST or NO_RAL_TESTS 的寄存器都不测试。

必须仅在该块已经充分上电,并处在复位状态时,才可以启动本方法。必须保持块状态的空闲和稳定,以使该寄存器的值不至于改变其初始状态。

16. vmm_ral_tests::hw_reset( )

验证寄存器的初始复位值。

SystemVerilog

```
static task hw_reset(vmm_ral_block blk,
string domain,
vmm_log log);
```

描　述

读取指定块的指定域中的每个寄存器,并验证读取的值对应于指定的复位值。若域被指定为 "",则必须对所有寄存器测试。属性为 NO_HW_RESET_TEST 或者 NO_RAL_TESTS 的寄存器则一律跳过,不进行测试。

必须仅在该块已经充分上电,并处在复位状态时,才可以启动本方法。必须保持块状态的空闲和稳定,以使该寄存器能保持其初始值不变。

17. vmm_ral_tests::mem_access( )

验证存储器的访问操作。

SystemVerilog

```
static task mem_access(vmm_ral_block blk,
vmm_log log);
```

描　述

通过每一个可用的前门域(front－door domain)对每一个存储器地址进行写入操作,并通过后门域(back－door domain)读取对应的值,然后反过来再做一次。没有定义后门访问的存储器或者属性为 NO_MEM_ACCESS_TEST 或 NO_RAL_TESTS 的存储器,则一律跳过,不进行测试。

必须仅在该块已经充分上电,并处在复位状态时,才可以启动本方法。必须保持块状态的空闲和稳定,使该存储器地址保持其存储的初始值不变。

18. vmm_ral_tests::mem_walk( )

对访问存储器进行验证。

SystemVerilog

```
static task mem_walk(vmm_ral_block blk,
string domain,
vmm_log log);
```

描　述

对指定块的指定域中的每个存储器地址进行写入操作,然后读取写入值,验证读取的值是否对应于以前写入的值。若域被指定为""，则所有的存储器都必须测试。属性为 NO_MEM_WALK_TEST 或 NO_RAL_TESTS 的存储器，则一律跳过，不进行测试。

必须仅在该块已经充分上电，并处在复位状态时，才可以启动本方法。必须保持存储器内容的不变和稳定，使得以前写入该存储器的值不至于发生改变。

182

19. vmm_ral_tests::reg_access( )

验证寄存器访问的操作。

SystemVerilog
```
static task reg_access(vmm_ral_block blk,

vmm_log log);
```

描　述

通过每一个可用的前门域(front‑door domain)对每一个寄存器进行写入操作，并通过后门域(back‑door domain)读取对应的值，然后反过来再做一次。没有定义后门访问的寄存器或者属性为 NO_REG_ACCESS_TEST 或 NO_RAL_TESTS 的寄存器，则一律跳过，不进行测试。

必须仅在该块已经充分上电，并处在复位状态时，才可以启动本方法。必须保持块状态的空闲和稳定，使得寄存器的值能保持其初始值不变。

20. vmm_ral_tests::shared_access( )

验证共享访问的性能。

SystemVerilog
```
static task shared_access(vmm_ral_block blk,

vmm_log log);
```

描　述

通过每一个可用的前门域(front‑door domain)对每一个共享的寄存器和共享的存储器地址进行写入操作，并通过后门域(back‑door domain)读取对应的值，然后反过来再做一次。跨越多个域没有被共享的寄存器和存储器，或者属性为 NO_SHARED_ACCESS_TEST 或 NO_RAL_TESTS 的寄存器和存储器，则一律跳过，不进行测试。

必须仅在该块已经充分上电，并处在复位状态时，才可以启动本方法。必须保持块状态的空闲和稳定，使得寄存器和存储器地址能保持其初始值不变。

附录 **B**
静态检查

下面清单中列出的是在做低功耗静态验证时，发现设计错误后随即弹出的错误信息的例子。随着设计风格、流程和库的不同，弹出的错误信息会有所不同。我们之所以在这里列出错误信息清单，目的是把其作为基本起点，清晰地说明签字验收应检查哪些错误。同时确定在哪个设计阶段需要进行这些检查。

请注意：RTL 检查适用于检查清单上的元件在源代码中被实例化的场合。RTL检查还适用于检查当电源意图命令受到检查的场合。

B. 1   隔离检查

Missing Isolation Cell—RTL，Netlist，PG-Netlist

（遗漏隔离单元）— 在 RTL、Netlist、PG-Netlist 三种设计文件的低功耗静态检查中，可能报告该出错信息。

Incorrect Isolation Cell type — RTL，Netlist，PG-Netlist

（隔离单元类型不正确）

Incorrect Isolation Cell output polarity — RTL，Netlist，PG-Netlist

（隔离单元输出极性不正确）

Redundant Isolation Cell on a crossover signal—RTL，Netlist，PG-Netlist

（立体交叉信号上隔离单元冗余）

Redundant Isolation Cell used inside an island—RTL，Netlist，PG-Netlist

（岛内用的隔离单元有冗余）

Incorrect power-pin connectivity —PG-Netlist

（电源引脚连接不正确）

Incorrect ground-pin connectivity—PG-Netlist

（地线引脚连接不正确）

Incorrect isolation enable signal—RTL，Netlist，PG-Netlist

（隔离使能信号不正确）

Incorrect isolation enable signal polarity—RTL，Netlist，PG-Netlist

（隔离使能信号极性不正确）

Incorrect Isolation Cell functional implementation—RTL，Netlist，PG-Netlist

（隔离单元功能实现不正确）

Incorrect protection cell（e. g. ，Isolation instead of Level Shifter）—RTL，Netlist，PG-Netlist

（保护单元不正确（例如，用隔离而不使用电平换挡器））

Incorrect isolation enable signal network（path），e. g. ，going through an Off island—RTL，Netlist，PG-Netlist

（隔离使能信号网络（路径）不正确，例如途经一个供电已被切断的岛）

All the above checks for input isolation—RTL，Netlist，PG-Netlist

（所有以上检查都是用于检查输入隔离的）

B. 2　电平换挡器(LS)

Missing LS—RTL，Netlist，PG-Netlist

（遗漏电平换挡器）

Incorrect LS cell type—RTL，Netlist，PG-Netlist

（电平换挡器单元类型不正确）

Incorrect LS voltage range—RTL，Netlist，PG-Netlist

（电平换挡器电压范围不正确）

Redundant LS on a crossover signal—RTL，Netlist，PG-Netlist

（立体交叉信号上电平换挡器有冗余）

Redundant LS inside an island—RTL，Netlist，PG-Netlist

（岛内电平换挡器有冗余）

Incorrect power connectivity of LS- PG-Netlist

（电平换挡器的电源连接不正确）

B. 3　已使能的电平换挡器(ELS)

Missing Isolation Cell—RTL，Netlist，PG-Netlist

（遗漏隔离单元）

Incorrect Isolation Cell type—RTL，Netlist，PG-Netlist

（隔离单元类型不正确）

Incorrect Isolation Cell output polarity—RTL，Netlist，PG-Netlist

（隔离单元输出极性不正确）

Redundant Isolation Cell on a crossover signal—RTL，Netlist，PG-Netlist

（立体交叉信号上隔离单元有冗余）

Redundant Isolation Cell used inside an island—RTL，Netlist，PG-Netlist

（岛内用的隔离单元有冗余）

Incorrect isolation enable signal—RTL，Netlist，PG-Netlist

（隔离使能信号不正确）

Incorrect isolation enable signal network（path），e. g.，going through an Off island—RTL，Netlist，PG-Netlist

（隔离使能信号网络（路径）不正确,例如途径一个供电被切断的岛）

Incorrect isolation enable signal polarity—RTL，Netlist，PG-Netlist

（隔离使能信号极性不正确）

Incorrect Isolation Cell functional implementation—RTL，Netlist，PG-Netlist

（隔离单元功能执行不正确）

Incorrect protection cell（e. g.，Isolation instead of LS）—RTL，Netlist，PG-Netlist

（保护单元不正确（例如,用隔离而不用电平换挡器））

Missing LS—RTL，Netlist，PG-Netlist

（遗漏电平换挡器）

Incorrect LS cell type—RTL，Netlist，PG-Netlist

（电平换挡器类型不正确）

Incorrect LS voltage range—RTL，Netlist，PG-Netlist

（电平换挡器电压范围不正确）

Redundant LS on a crossover signal—RTL，Netlist，PG-Netlist

（立体交叉信号上的电平换挡器有冗余）

Redundant LS inside an island—RTL，Netlist，PG-Netlist

（岛内的电平换挡器有冗余）

Incorrect power connectivity of ELS（VDD1，VDD2，VSS）—PG-Netlist

（已使能电平换挡器连接电源（VDD1，VDD2，VSS)不正确）

B.4　岛序检查

通常,在电源的某个状态,由 OFF(供电被关闭的)岛向 ON(有供电的)岛发出的合格控制/关键信号如下:

Clock—RTL, Netlist, PG-Netlist

(时钟)

Clock Enable—RTL, Netlist, PG-Netlist

(时钟使能)

Reset—RTL, Netlist, PG-Netlist

(复位)

Scan Enable—RTL, Netlist, PG-Netlist

(扫描使能)

Isolation Enable—RTL, Netlist, PG-Netlist

(隔离使能)

Power Enable—RTL, Netlist, PG-Netlist

(电源使能)

Power OK—RTL, Netlist, PG-Netlist

(电源没有问题)

Retention save signal—RTL, Netlist, PG-Netlist

(保持保存信号)

Retention restore signal—RTL, Netlist, PG-Netlist

(保持恢复信号)

User specified signals—RTL, Netlist, PG-Netlist

(由用户指定的信号)

B.5　保持单元

Redundant retention cells (More cells than specified in power intent)- Netlist, PG-Netlist

(保持单元有冗余,即比电源意图规定的单元更多)

Incorrect save signal connectivity—Netlist, PG-Netlist

(保存信号的连接不正确)

Incorrect save signal polarity—Netlist, PG-Netlist

（保存信号的极性不正确）

Incorrect restore signal connectivity— Netlist，PG—Netlist

（恢复信号的连接不正确）

Incorrect restore signal polarity—Netlist，PG-Netlist

（恢复信号的极性不正确）

Incorrect power enable signal (if applicable)—Netlist，PG-Netlist

（电源使能信号(若可应用的话)不正确）

Incorrect power enable signal polarity (if applicable)—Netlist，PG-Netlist

（电源使能信号的连接(若可应用的话)不正确）

Incorrect primary power connectivity—PG-Netlist

（基础电源连接不正确）

Incorrect back-up power connectivity—PG-Netlist

（备用电源连接不正确）

Incorrect ground connectivity—PG-Netlist

（地线连接不正确）

Incorrect isolation enable signal network (path)，e. g. ，going through an Off island — RTL，Netlist，PG-Netlist

（隔离使能信号网络(路径)不正确,例如途经一个供电已被切断的岛）

B. 6　电源开关

Incorrect partition of a power-switch in power intent—Netlist，PG-Netlist
（电源意图中电源开关的划分不正确）

Incorrect connectivity of power-rail coming into the power-switch—PG-Netlist
（进入电源开关的电源轨线的连接不正确）

Incorrect connectivity from power switch to cells in the power domain—PG-Netlist
（从电源开关到电源域单元的连接不正确）

Incorrect power-enable signal connectivity to power switch—Netlist，PG-Netlist
（电源使能信号与电源开关的连接不正确）

Incorrect power-ack signal connectivity between daisy-chained switches—Netlist，PG-Netlist
（电源应答信号在菊花链开关之间的连接不正确）

Incorrect polarity of power switch control signals—RTL，Netlist，PG-Netlist
（电源开关控制信号的极性不正确）

Incorrect power switch enable signal network(path)—RTL, Netlist, PG-Netlist
（电源开关使能信号网络（路径）不正确）

B.7　总是有供电的单元

Power-pin connectivity of always-on cells—PG-Netlist
（总有供电单元的电源引脚连接不正确）

Floating/undriven inputs to always-on cells—PG-Netlist
（连接到总有供电单元的浮动的/未驱动的输入）

Isolation/Level shifting requirements apply as well to Always On domains
（隔离/电平换挡的需求也适用于总有供电的域）

C.1 作 者

下面列出了本书几位作者的简历:

斯立肯·迦奇拉(SRIKANTH JADCHERLA)

研究/开发部主任,验证小组

新思科技(Synopsys)公司

斯立肯·迦奇拉(Srikanth Jadcherla)先生曾经是 ArchPro 公司的奠基者和首席技术官(CTO)。2007 年新思科技(Synopsys)公司并购了 ArchPro 设计自动化公司,作为这次并购合同的一部分,斯立肯·迦奇拉先生来到新思科技公司工作。在创办 ArchPro 公司之前,迦奇拉先生曾经在 WSI、Intel、Jasmine 和 Synopsys(新思科技)等公司担任 IC 设计师和架构设计师。他是一位很有经验的低功耗设计师,也是许多节能技术和原理的创导者。迦奇拉先生曾经因为他在低功耗领域的工作和首创的 12 项专利技术获得过英特尔成就奖(Intel Achievement Award)。他也是一位值得尊敬的绿色环保宣传者,并担任许多公司的技术顾问,这些公司涉及很广阔的业务领域,包括从太阳能电池到房地产开发等行业。最近他一直在全世界半导体系统行业,从能源的供应和能量消耗需求两个方面,积极地推广节能设计的新理念。

迦奇拉先生在印度 IIT-马德拉斯大学获得电气工程学士学位,从加利福尼亚大学,Santa Barbara,获得计算机科学和工程硕士学位。

伽尼可·簿格隆(JANICK BERGERON)

新思科技(Synopsys)高级职员

伽尼可·簿格隆先生是新思科技（Synopsys）公司的高级职员，负责新思科技公司数字仿真产品支持的功能验证方法学的开发和技术指标的制订。他是畅销系列丛书《SystemVerilog 验证方法学》和《测试平台的编写》的作者。这两本书都是现代集成电路设计行业，有关功能验证技术和方法学的第一流参考书。

簿格隆先生在加拿大魁北克（希库蒂米）大学获得工程学士学位；从滑铁卢（waterloo）大学超大规模集成电路计划（VLSI Program）获得电气工程应用科学硕士学位；并且通过俄勒冈执行 MBA 计划，在美国俄勒冈（Oregon）大学获得 MBA。

友西瓯·依诺（YOSHIO INOUE）

首席工程师

Renesas Technology 公司

友西瓯·依诺先生是 Renesas 科技公司设计技术部门的首席工程师。2003 年 4 月 1 日，日立（Hitachi）和三菱（Mitsubishi）公司的半导体事业部合并，成立了 Renesas 科技公司。

依诺先生毕业于东京（Denki）大学，获得学士学位。1984 年他加入日立（Hitachi）公司成为一名门阵列设计工程师。自从 1989 年起，他一直从事高级 EDA 设计方法学的开发和 EDA 设计系统的研究，支持美国的高速，高复杂度系统芯片的设计工作。

当 Renesas 科技公司刚成立时，依诺先生更多地专注于为日本客户和美国客户的设计建立 RTL（寄存器传输级）样机技术。现在，他已把关注的领域扩展到诸如手机所用的处理器的超低功耗设计方法学，他是层次功率管理领域的开路先锋。

戴维·法莱恩（DAVID FLYNN）教授

199

ARM 公司研究/开发部 高级成员

南安普登大学，访问教授

戴维·法莱恩教授，ARM 公司研究/开发部的高级成员。自从 1991 起，他一直在 ARM 公司工作，专门从事系统芯片 IP（知识产权块）的设计安排和设计方法学的研究。他是 ARM 可综合 CPU 系列体系架构的原创设计师，他也是 AMBA 片内互联总线标准的奠基者。他目前的研究集中在低功耗系统级设计。他持有片内总线、低功耗、嵌入式处理子系统设计等方面的多项专利。他在英国 Hatfield 工业技术学院获得计算机科学学士学位；在英国 Loughborough 大学获得电子工程博士学位。他目前是英国南安普登大学电子和计算机科学系的访问教授。

C.2 感　谢

值本书出版之际，作者要感谢新思科技（Synopsys）公司的同仁以及与我们合作的公司和客户中许多值得尊敬的同行,正是因为他们的宝贵支持、多次审核和合作才使本书得以顺利出版。有些同事他们慷慨地把材料发给我们,并讲解他们的设计经验和心得,这些材料丰富了本书的内容,在此让我们对他们的贡献和努力表示深深的感谢。

首先要特别感谢的是 Krishna Balachandran,正是他杰出的努力使编写本书的合同能够确认并得以顺利开展。

其次要感谢:

Ghassan Khoory,他一直帮助我们保持工作的进度,用一切可能的办法帮助我们解决每个困难。

ARM 公司的 John Goodenough,Bryan Dickman 和 Joe Convey,新思科技公司的 Phil Dworsky,Alan Gibbons 和 Phil Morris,他们及时与我们合作做了书上的练习,提供了极有价值的技术远见。

在本书正式出版之前,有关本书的信息已经被许多同行所知晓,这要感谢 Swami Venkat 的努力。

新思科技(synopsys)公司验证小组的(SVP 和 GM)满诺·甘地(Manoj Gandhi)一直给予我们巨大的支持,并目睹了本书的编写过程,如果没有他如此努力的帮助,本书的出版是根本不可能的。

由维内·斯灵佤史(vinay Srinvas)领导的新思科技(Synopsys)公司的低功耗验证小组编写了支持本方法学的软件。我们非常幸运,在我们的小组里有一些头脑绝顶聪明的人,例如:Arturo Salz,Prapanna Tiwari,Yoichiro Iida,Prognya Khondkar,Puneet Jethalia,Sesha Sai Kumar,Debabrata Bagchi,Lalit Sharma,Harsh Chilwal,Vikas Gautam。

Sathyam Pattanam, Nadeem Kalil, Marc Edward, Shankar Hemmady,由这些人组成的团队无疑是这一领域的领导者。我们也得到新思科技公司跨部门的所有低功耗小组的更广泛的支持,特别要感谢 Mike Keating, Godwin Marben, George Zafiropoulos, Tom Borgstrom, Takaaki Akashi, Hitoshi Kurosaka, Josefina Hobbs, Jim Sproch, Larry Vivolo, Tom Chau 和许多其他人。

我们还要感谢:Sesha Sai Kumar, Prapanna Tiwari, Vikram Malik 和 Ajay Thiriveedhi,是他们帮助我们准备测试案例,并且为出版社撰稿,编写培训教材。此外,Vikram 耐心地审阅了本书的文稿,并帮助我们完成了出版过程。我们还应该好好地感谢 Mike Donlin 和 Edgar D'Souza (Collabis),他们的修改编辑工作,使得原来很难读懂的原始材料变成了一本很好的教材。

我们还要感谢以下这些审阅者(括号内公司名),他们用笔头或口头讨论的方式为我们提供了教材的原始材料:Kelly Larson(Mediatek Wireless), Nobuyyuki Nishiguchi(STARC), Hiroyuki Mori(STARC), Jianfeng Liu(Samsung), Ying-Chih Yang(Sunplus),David Wheelock (Seagate Technology), Brain Bailey(Brain

200

Bailey Condulting），Sree Reddy（Nvidia），Kiran Puttegowda（Broadcom），Hillel Miller（Freescale），John Wei（Alchip），Yao Cong（Huwaei），Lily Jiang（Spreadtrum），Santosh Madathil（Wipro），Summer Yang（Realtek），Gary Delp（LSI Logic），Anand Raghunathan（Purdue University ex-NEC Labs），John Biggs（ARM），Alan Hunter（ARM），Srivats Ravi（TI），Magdy Abadir（Freescale），Scott Runner（Qualcomm），Pidugu Narayana（Cypress），Partha Narasimhan（Cypress），Jerry Vauk（AMD），J. L. Gray（Verilab），Harunobu Miyashita（Fuji Xerox），Mutsumi Namba（Ricoh），Nobuyoshi Nakajima（Sony），Michael Hsieh（Sun），O. kim（Silicon Image），Jim Crocker（Paradigm Works），David Hui（AMD），Phil McCoy（MIPS），Minaki So（Panasonic），Tomotoshi Nakamura（TJSys），Yuzo Kubota（Verifore），Bryan Dickman（AMD），Elango Rajaskharan（connexion Semiconductor），Ed Huijbregts（Magma），Alan Gibbons（Synopsys），Will Chen（Synopsys）。

特别应该感谢的是新思科技公司 Marcom 小组中的 Josh Perkel，Sheryl Gulizia，Janet Berkman，Mital Poddar Lisa Rivera 和 Amy Timpe，他们一直坚持不懈地、耐心地支持我们的工作，使得本书能如期出版。

最后我们要特别感谢 Rena C. Ayeras，她的杰出工作，使我们的书稿在出版过程中，排除了可能出现的编排错误，及时完成了印刷出版任务。

索　引

202

D

206

参考文献

[1] Bergeron, J. et al; *"Verification Methodology Manual for SystemVerilog"*, Springer, 2005, ISBN 0-387-25538-9

[2] Keating M. Flynn D. , Aitken R. , Gibbons A. , Shi K. , *"Low Power Methodology Manual for System-on-Chip Design"*, Springer, 2007, ISBN 978-0-387-71818-7

[3] Synopsys, *"Power Management Verification User Guide"* (for MVSIM, MVRC)*".*

[4] Accellera, IEEE-P1801 *http://www. Accellera. org/activities/p1801_upf/*

[5] Flym D. , Gibbons A. , *"Design for Retention: Strategies and Case Studies"*, SNUG San Jose 2008

[6] Ram S. , Tiwari, P. , Thiriveedhi, A. , *"Challenges of Multi-Voltage Verification"*, SNUG San Jose 2008

[7] Bhairi P. et al, *"Addressing the Challenge in Full Chip Power Aware Functional Verification"*, SNUG India 2008

[8] Narasimhan P. et al, *"Voltage Aware Static Rule Checks for Power Managed Design"*, SNUG India 2008

[9] Mukhopadhyay A. et al, *"Establishing a Methodology for Early Validation of Multi-Voltage RTL Design"*, SNUG India 2008

[10] Kim N. , Austin T. , Blaauw D. , Mudge T. , Flautar K. , Hu J. , Irwin M. , Kandemir M. , Narayanan V. , *"Leakage Current: Moore's Law Meets Static Power"*, IEEE Computer Vol. 36 Issue 12, 2003

[11] Mutoh S. et al, *"A 1v Multi-Threshold Voltage CMOS DSP with an Efficient Power Management Technique for Mobile Phone Application"*, ISSCC 1996, page 168-169, 1996

[12] Zyuban V. , Kosonocky S. , *"Low Power Integrated Scan-Retention Mecha-*

nism", Proceedings of the International Symposium on Low Power Electronics and Design, August 2002, page. 98-102

[13] van der Meer, P. R. et al. *"Low Power Deep Sub-Micron CMOS Logic - Sub threshold Current Reduction"*, Springer/KAP 2004, ISBN 1-4020-2848-2A (Chapter 7 in particular, page 106-111)

[14] Biggs J., Gibbons, A., *"Aggressive Leakage Management in ARM-based System"*, SNUG Boston 2006

[15] Flynn, D., Flautner, K., Patel, D., Roberts, D., *"IEM926: An Energy Efficient SoC with Dynamic Voltage Scaling"*, DATE 2004

[16] Hattori T., et al, *"Hierarchical Power Distribution and Power Management Scheme for a Single Chip Mobile Processor"*, Proceedings of the 43rd annual conference on Design automation (DAC), 2006, page 292-295

[17] Flautner K., Kim N. S., Martin S., Blaauw D., MudgeT. N, *"Drowsy Caches: Simple Techniques for Reducing Leakage Power"*, ISCA 2002: 148-157

[18] Allsup C., *"Design for Low Power Manufacturing Test"*, EDA Designing, March 18, 2008

[19] Demler M., *"Power-Sensitive 65nm Design Increase the Need for Transistor-Level Verification"*, EDA DesignLine, 8/27/07

[20] Dalkowski K., *"Advanced Multi-Voltage Design Implementation"*, Elektroniktidningen, August 2007

[21] Shi K., Lin Z., Jiang Y., *"Practical Power Network Synthesis of Power Gating Designs"*, EDA DesignLine, June 5 2007

[22] White M., *"A Comprehensive and Effective Power Management Approach for Advanced System-on-Chip Designs"*, Power System Design Europe, January/February 2008

[23] Jadcherla S., *"Off by Architectures Curb Energy Waste"*, SCD source March 25, 2008

[24] Jadcherla S., *" A Ticking time Bomb?"* Chip Design, June 2008

[25] Balachandran K., *"Boost Verification Accuracy with Low_Power Assertions"*, EE Times, July 28, 2008

[26] Balachandran K., *"Static Checks for Power Management at RTL - Is this a case of " a stitch in time save nine?" "* EDA Design Line, May 20, 2008

[27] Balachandran K., *"Voltage-Aware Simulation: No Longer a Fad, but a Must for Low-Power Designers"*, EDN May 14, 2008

[28] Shirrmeister F., Thoen F., *"Software Development on Virtual Platform*

Speeding Time to Market for Low-Power Devices", Electronics Products August 2008

[29] Shirrmeister F. , "*Software Driven Low-Power Optimization for ARM Based Mobile Architectures*", ARM Developer's Conference, 2008

[30] ACPI --Advanced Configuration & Power Interface, http://www.acpi.info

[31] Krishna Balachandran, "Cover Low-Power Design with Constant Analysis", EE Times Online, October 27, 2008

[32] Energy Star Program, http://www.energystar.gov

[33] VMMCentral, http://www.vmmcentral.org